AF455779

GUIDE
DES TABLEAUX
D'AGRICULTURE PRATIQUE

AUGMENTÉ DES

PETITS PÉPINIÉRISTES

PAR

L. BENTZ

Ancien Directeur d'Ecole normale

MIRECOURT
HUMBERT, IMPRIMEUR-LIBRAIRE-ÉDITEUR
PARIS
PUBLICITÉ, RUE CASSETTE, 17.

—

1868

MOTIF

DE LA PUBLICATION

DES

TABLEAUX D'AGRICULTURE PRATIQUE

Le but de la publication des Tableaux d'agriculture est de fournir à l'instruction de l'agriculture pratique un moyen simple et facile pour en faire une des branches de l'enseignement dans les écoles primaires.

Parler aux yeux par des tableaux intuitifs, a, de tout temps, été reconnu comme un des moyens les plus sûrs d'arriver à l'esprit des enfants. C'est ce moyen que nous avons voulu employer pour propager l'enseignement agricole. Nous avons représenté dans nos tableaux les objets les plus nécessaires et les plus usuels de l'agriculture; nous en avons formé un ensemble; chaque objet est accompagné de sa dénomination ; et nous avons tâché de rendre l'utilité de ces tableaux plus efficace encore, en y ajoutant un manuel où les élèves trouveront des explications succinctes et claires sur l'usage de ces objets.

Par ce procédé d'enseignement, les jeunes gens apprendront, sans fatiguer leur mémoire, les noms et l'emploi des nombreux instruments et machines usités dans toute exploitation rurale. Ils se familiariseront avec leur construction ; ils acquerront quelques connaissances de l'histoire naturelle des animaux entretenus dans une ferme, et sauront apprécier les services qu'ils rendent. Leur attention sera attirée en même temps sur les dommages que causent souvent à l'agriculture les animaux et insectes nuisibles. De plus, ils apprendront de bonne heure à distinguer les plantes de culture, tant celles qui sont destinées à la nourriture de l'homme que celles qui sont livrées au commerce, ainsi que les plantes fourragères et les plantes parasites et nuisibles.

Au moyen de ces tableaux, qui représentent les divers travaux des champs, ainsi que ceux de l'intérieur d'une ferme, l'enfant se fera une idée juste de toutes les opérations de culture et d'économie rurale ; ce qui l'amènera à les observer dans la suite avec attention et intérêt, et lui inspirera de l'attrait pour la vie des champs, chose très-importante à l'époque où nous vivons.

Comme on le voit, ce ne sont pas les principes scientifiques de l'art agricole que nous avons en vue de faire enseigner. Cette tâche sera réservée pour plus tard. Ce que nous proposons, ce sont des notions préliminaires ou préparatoires sur tout ce qui a rapport à l'exploitation des terres. Nous croyons que ces premiers éléments sont indispensables à l'enseignement agricole. A l'aide de ces notions, l'intelligence de l'enfant sera plus apte à saisir dans la suite les différentes combinaisons que lui présenteront les études proprement dites de l'agriculture. Notre procédé sera donc le premier pas d'une progression juste et raisonnée de l'enseignement de l'agriculture, et entre les mains d'un maître habile, ce premier pas pourra s'allonger au point de suffire à cet enseignement au moyen de quelques petits traités ; tels que . *Les Petits Pépiniéristes*, qui forment la seconde partie de cet ouvrage.

Ces tableaux pourront être reliés et former un atlas, ou bien, ils pourront être mis sur carton et suspendus dans les écoles, où ils serviront à l'usage des élèves. Avec un peu de soin ils peuvent être utilisés pendant dix ou douze années, et, par conséquent, la dépense qui devra être mise à la charge des communes, lorsqu'elle sera appliquée aux écoles, sera très-faible.

Nous sollicitons le concours des Autorités supérieures, et nous osons espérer qu'elles ne refuseront par leur protection bienveillante à une œuvre destinée au bien général de notre pays, et pour l'utilité de laquelle nous offrons, comme garantie, notre longue expérience.

AVIS IMPORTANT

Le guide explicatif, devant servir à faciliter l'explication successive des objets représentés sur les tableaux intuitifs d'agriculture et d'économie rurale, contient : 1° la liste des dénominations usuelles, en français, des nombreux objets contenus dans les tableaux ; 2° l'explication claire et succincte de l'usage et de l'utilité de chacun de ces objets dans une exploitation rurale d'une moyenne étendue.

Un maître intelligent saura donner de l'attrait à ces explications, en les accompagnant de quelque observation générale sur l'objet en question, et de quelque récit tiré de l'histoire sainte ou du spectacle de la nature ; il les fera suivre de quelques questions appliquées à l'objet qu'il traite.

Exécuté dans ce sens et avec ces moyens, l'enseignement élémentaire de l'agriculture deviendra aussi moral qu'instructif pour la jeunesse des écoles, et ne fatiguera pas la mémoire de l'enfant. Nous doutons même que tout autre objet d'enseignement procure à la jeunesse et aux maîtres eux-mêmes autant de moments agréables; car nous savons tous combien l'enfant se complaît dans la contemplation d'images, et combien les objets que ces images représentent se gravent facilement dans leur mémoire.

Dans une première exhibition des tableaux, le maître se bornera à faire connaître aux élèves les dénominations usuelles des objets qui y sont représentés ; il les leur tracera sur le tableau noir, et leur recommandera de les apprendre par cœur. Ce n'est qu'à une seconde exhibition des tableaux qu'il leur expliquera l'usage et l'utilité des instruments et des machines simples dont on se sert dans une exploitation rurale ; ce n'est qu'alors qu'il leur fera connaître les avantages des plantes cultivées, et les dommages que leur causent les mauvaises herbes et d'autres plantes nuisibles ; puis les services que rendent les animaux domestiques, et le mal que font à l'agriculture les animaux et insectes nuisibles ; enfin, il leur donnera une idée juste de la nécessité et de l'utilité des différentes opérations de culture, et des travaux multipliés dans l'intérieur d'une ferme.

Un tel procédé amènera les élèves à observer et à examiner,

dans la suite, toutes ces choses avec plus d'attention et d'intérêt, à concevoir une meilleure estime pour la profession d'agriculteur, et excitera en eux de l'inclination pour la vie et les travaux champêtres, chose très-importante aujourd'hui, où la jeunesse des communes rurales se dégoûte si facilement de la vie simple et laborieuse de ses pères, et cherche avec avidité le séjour des villes et les professions libérales ou industrielles.

Ce qui recommande surtout notre procédé d'enseignement de l'agriculture, c'est qu'il n'exige ni des connaissances approfondies de l'art agricole, ni une grande dépense de temps. Une ou deux heures par semaine suffiront pour que les élèves acquièrent, dans le cours d'une ou de deux années, les notions préparatoires les plus indispensables pour en faire dans la suite des cultivateurs intelligents, ou, au moins, des hommes qui sauront estimer, à leur juste valeur, les services éminents que peut rendre une agriculture bien entendue. Ces résultats s'obtiendront plus sûrement et dans des proportions plus larges, si, pendant la saison favorable, les professeurs, accompagnés d'un certain nombre d'élèves, consacrent quelques heures de loisir à des excursions sur les champs et les prairies, et quelquefois dans une ferme bien tenue pour leur faire voir et observer en nature ce qu'ils auront vu en image.

Il serait utile aussi que le maître fût pourvu d'une collection de semences et de graines conservées séparément dans des boîtes, afin de les faire voir aux élèves chaque fois qu'il serait question des plantes qui les produisent. Il ne serait pas moins utile qu'il possédât une petite collection de parcelles de roches et de terres de différente nature, pour donner aux élèves quelques notions sur la composition diverse des terres cultivables ou en culture, et de son influence sur la végétation.

L'AUTEUR.

INDICATION SOMMAIRE

DES SUJETS REPRÉSENTÉS

PAR LES TABLEAUX D'AGRICULTURE

ET D'ÉCONOMIE RURALE

1er Tableau. — 1° Instruments pour le défonçage et les labours à la main ; 2° instruments des labours exécutés à l'aide des bêtes de trait ; 3° instruments pour la plantation, le repiquage et les travaux d'entretien des plantes sur pied ; 4° instruments pour les récoltes.

2e Tableau. — Les instruments de transport avec leurs accessoires.

3e Tableau. — Les instruments et outils pour l'exécution des divers travaux dans l'intérieur d'une ferme, tels que : 1° instruments de pansage du cheval et du bœuf ; 2° diverses pièces de harnachement des bêtes de trait ; 3° instruments servant à la préparation de la nourriture des bestiaux ; 4° instruments qui servent à recueillir le lait et à le changer en beurre et en fromage.

4e Tableau. — 1° Suite des instruments en usage dans l'intérieur de la ferme ; 2° instruments nécessaires pour le battage et le nettoyage des blés et autres graines ; 3° instruments qui servent à préparer le chanvre et le lin pour être filés ; 4° instruments et machines employés à la fabrication du vin.

5e Tableau. — Plantes céréales graminées et céréales légumineuses.

6e Tableau. — Principales plantes de commerce et d'industrie.

7e Tableau. — Principales graminées des prairies naturelles.

8e Tableau. — Herbages des prairies artificielles.

9e Tableau. — Plantes, racines et tubercules.

10e Tableau. — Principales plantes nuisibles à l'agriculture.

11e Tableau. — Animaux utiles et domestiques.

12e Tableau. — Animaux et insectes nuisibles à l'agriculture.

DÉNOMINATIONS

DES OBJETS REPRÉSENTÉS SUR LES TABLEAUX

1er TABLEAU.

INSTRUMENTS ARATOIRES.

1° *Pour le défonçage et les labours à la main.*

1. Le pic.
2. Le hoyau à défonçer.
3. Le hoyau à échalasser.
4. La houe ou pioche.

4 *bis*. *a*, *b*, *c*, *d*, *e*, *f*, différentes formes de pioche.

5. La houe triangulaire.
6. La houe large.

6 *bis*. Autres formes de houe.

7. La bêche.
8. La pelle.
9. La bêche à gazon.

2° *Instruments de labourage à tire d'animaux.*

10, 11, 12, 13. Quatre charrues primitives.

14. La charrue écossaise.
15. La charrue belge à support.
16. L'araire Vosgienne.

17. La charrue à avant-train du Bas-Rhin.
18. La charrue à avant-train du Haut-Rhin.

Parties d'une bonne charrue.

17. *bis*. *a* Le corps de la charrue.
b Le coutre.
c Le soc.
d Le cep.
e Le versoir.
f L'age ou la flèche.
g Les mancherons.
h L'avant-train.
i Le régulateur.
19. Un semoir à la main.
20. La herse triangulaire.
21. La herse à losanges.
22. La herse bombée d'outre-Rhin.
23. La herse sans dents.
24, 25. Deux rouleaux ordinaires.
26. Charrue à butter avec versoirs immobiles.
27. Charrue à butter avec versoirs mobiles.
28. Charrue à sarcler à trois socs, dite *houe à cheval*.

3° *Instrument de plantation, de sarclage, buttage*, etc.

29, 30, 31, 32, 33. Plantoirs de formes diverses.
34, 35, 36. Trois formes de sarcloirs.
37. Une houe pour le binage à la main, dite *serfouette*.
38, 39, 40, 41. Différentes formes de houes servant à biner et à butter les plantes.
42. Le tranche-gazon.
43. Le lève-gazon.
44. La taravelle.
45. Le rateau simple.
46. La serpette du vigneron.
47. Le sécateur.
48. La ficelle rayonneur.
49. La petite scie du vigneron et du jardinier.
50. La hachette à bec courbé du vigneron.
51, 52. La faux.

Parties composant la faux.

52. *a* Le tranchant. *b* La lame. *c* Le manche. *d* Les poignots.
53. La faucille.
54. Pierre à aiguiser la faux, contenue dans sa jatte.
55, 56. Deux formes de marteau.
57, 58. Deux formes d'affiloires, outils du faucheur.
59. Râteau à double rangée de dents.
60. Fourche à foin.
61. Fourche à trois fourchons.
62. Fourche en fer à trois dents.
63. Fourche en fer à deux dents.
64. La corbeille pour cueillir les pommes.
65. Le fouloir à vendange.

2e TABLEAU.

INSTRUMENTS DE TRANSPORT.

1, 2, 3. Différentes hottes en osier.
4, 5. Deux hottes en douves, dites *tandelins*.
6. Petites cuves à vendanges.
7. Un panier en osier.
8. Une hotte à rames.
9. Un brancard.
10, 11. Brouettes ordinaires.
12. Brouettes à brancard oblique.
13. Brouette tombereau.
14. Tombereau à fumier.
15. Tombereau à tire de cheval ou de bœuf.
16. Une banne.
17. Une charrette à échelle.
18. Grand chariot à échelles.
   a Echelles ou ridelles.
   b La flèche du chariot.
   c Le timon.
   d Les chaînettes d'arrêt.
19. Grand chariot à purin.
20. Petite voiture à 4 roues et à timon fourchu.
21. La balonge à vendange.
22. Chariot garni de cuvettes à vendange.
23. Chariot portant 2 futailles à vendange.
24. Le palonnier.
25, 26. Ecarte-ridelles.
27. Un train de chariot.
   a L'avant-train.
   b L'arrière-train.
   c Les essieux.
28. La roue.
   a Le tourillon.
   b Les rayons.
   c Le moyeu.
   d Les jantes et les bandes.
29. Le cric.

3e TABLEAU.

INSTRUMENTS SERVANT AUX DIFFÉRENTS TRAVAUX DANS L'INTÉRIEUR D'UNE FERME.

Pansement du cheval.

1. L'étrille.
2. La brosse.
3. Le peigne.
4. L'époussette, la queue de cheval.
5. Le couteau de chaleur.
6. L'éponge.
7. Le passe-partout.
8. Le cure-pieds.
9. Le seau d'écurie.
10. La fourche d'étable.
11. Le balai d'écurie.
12. La pelle d'étable.
13. Le battoir à fumier.

Pièces de harnachement et de de tirage.

14. Un cheval de limonière avec tous ses harnais.
   Les différentes pièces de harnachement sont :
   a la bride, *b* le mors.

Les pièces de la bride sont: *a* la têtière, *b* les montants, *c* les aboutoirs, *d* le frontail, *e* le sous-gorge.

Les pièces de tirage sont : *a* le collier.

15, 16, 17, 18. Différentes formes de colliers.

b Les coussinets.

c La sellette.

d La dossière.

e L'avaloir.

f La fessière.

g La croupière.

h La ventrière.

19. La cravate.
20. La dossière.
21, 22, 23. Trois selles.
24. Le joug double.
25. — simple.
26. Levier pour le graissage des roues.

26 *bis*. *a* Boîte à oing.

Instruments pour la préparation des fourrages.

27. Crochet pour tirer le foin.
28. Hache-paille.
29, 30. Deux formes de tranche-racines.
31. Auget. cont. les racines.
32. Machine tranche-racines avec son auget.
33, 34. Deux formes de lanternes d'écurie.

Instruments de laiterie et de fromagerie.

35. Seau ou baquet à traire.
36, 37. Seau à lait.
38. Passoir suisse.
39. Terrine à lait.
40. Pot à lait de terre cuite.
41. Vase à crême.
42. Forme pour le fromage suisse.
43, 44. Deux chasserettes ou formes à fromage de ménage.
45. La baratte ordinaire.

a Le baraton, bat-beurre.

46. La baratte-baril.

a Son chevalet.

b Sa manivelle.

c Le moulinet dans l'intérieur.

4e TABLEAU.

INSTRUMENTS POUR LES DIVERS TRAVAUX DANS L'INTÉRIEUR D'UNE FERME.

1° *Battage des grains.*

1. Le fléau.
2. La fourche.
3. Le van.

3 *bis*. Le crible.

4. Le râteau.
5. Le hussoir.
6. La pelette.
7. Le sac à grains.
8. Le décalitre.
9. Le tarare.

2° *Préparation du chanvre et du lin.*

10. La broie.
11. Planches à espader.
12. Le maillet.
13. Le battoir.
14. Machine pour nettoyer la graine du lin.

3° Instruments pour la fabrication du vin.

15. Un pressoir ordinaire à vis.
 a La vis.
 b La maie.
 c La cuve.
 d Les côtés.
 e Le mouton.
 f Le petit baquet à puiser.
 g Les planches de compression.
 h L'arbre.
 i La perche de l'arbre.
 k Leviers.
 l Le passoir.

16, 17. Deux coupe-mares.
18. La pelle du pressoir.
19, 20. Deux cuves pour le foulage des raisins.
 a Machine à fouler.
 b Cuve à fouloir.
 c Fouloir.

21. Cuve à fermentation sur marc.
 a Un tandelin.
 b La tinette.
 c Le baquet de cuve.
 d L'échelle.
 e Le fouloir.
 f Le chevalet.
 g L'entonnoir.
 h Le robinet.

22. Le tonneau.

4° Instruments pour travaux divers.

23. Une sellette à planer.
24. Une plane.
25. La scie courbe.
26. La scie ordinaire.
27. Chevalet du scieur.
28. La coignée.
29. Le tranchet.
30. La hache à bois.
31. Le hachereau.
32. La hache à fendre.
33. Le coin à fendre.
34, 35. Deux meules à affiler les outils en fer et à tranche.

5e TABLEAU.

1° Céréales graminées, blés.

1. Le froment à épis sans barbe.
2. Froment à épis barbus.
3. L'épeautre.
4. Le seigle.
5. L'orge de mars.
6. L'orge d'hiver.
7. Un épi de l'orge d'hiver.
8. L'avoine.
9. Le fruit du maïs.
10. Pied de maïs.

2° Céréales légumineuses.

11. Fèves et féverolles.
12. Les haricots.
13. Les pois.
14. Les lentilles.

6e TABLEAU.

PLANTES RACINES.

1. La pomme de terre.
2. *a* Sa fleur, *b* sa semence.
3. Pomme de terre hâtive rouge.
4. Pomme de terre hâtive jaunâtre.
5. Pomme de terre dite de St-Jean.
6. Pomme de terre bleue marbrée.
7. Pomme de terre tardive rouge.
8. Pomme de terre jaune.
9. Pomme de terre rouge clair.
10. Topinambour.
 a Sa fleur, *b* son tubercule.
11. La carotte rouge jaune.
12. — blanche.
13. Le panais.
14. Le navet long.
15. — court.
16. — déprimé.
17. La betterave champêtre.
18. — jaune rouge.
19. — blanche.
20. Le rutabaga ou navet de Suède.
21. Le chou blanc.

7e TABLEAU.

PLANTES FOURRAGÈRES.

Graminées des prairies naturelles.

1. Flouve odorante.
2. L'avoine élevée.
3. Raygrass fromental.
4. L'avoinette.
5. Vulpin des prés, queue de renard.
6. La fléole des prés.
7. Le dactyle pelotonné.
8. La brize tremblante.
9. Le paturin commun.
10. — des prés.
11. La fétugue ovine.
12. — des prés.
13. L'orge des prés.

8e TABLEAU.

HERBES FOURRAGÈRES.

1. Le trèfle rouge commun.
2. La luzerne.
3. Le trèfle des champs.
4. Le trèfle blanc.
5. Le lotier corniculé.
6. L'esparcette ou sainfoin.
7. La vesce commune.
8. La gesse des prés.
9. La spergule.
10. La petite pimprenelle.
11. La grande pimprenelle.
12. La mille-feuilles.
13. Le plantain.

9e TABLEAU.

PLANTES COMMERCIALES ET D'INDUSTRIE.

1. Le chanvre, *a* sa semence.
2. Le lin, *a* la semence, *b* les gousses contenant la semence ou graine de lin.
3. Le colza, *a* la silique contenant la semence.
4. Le pavot, *a* la capsule contenant la semence.
5. Le tabac.
6. La garance.
7. Le pastel.
8. Le genêt des teinturiers.
9. La chicorée.
10. Le houblon.
    a La Cône mûre du houblon.
    b Une feuille de houblon.
11. Un pied de vigne.
12. Un raisin à grains serrés.
13. Raisins à grains distants.
14, 15. Différentes formes de grains.
16. Feuille de vigne.

10e TABLEAU.

PLANTES NUISIBLES A L'AGRICULTURE.

1. La nielle bâtarde.
2. Le bluet, barbeau, aubefoin.
3. Le coquelicot, la scabieuse.
4. La camomille.
5. Le liseron.
6. Le chardon.
7. La cuscute.
8. La crête de coq, le garrot
9. La pédiculaire.
10. L'épervière.
11. La colchique.
12. La ciguë aquatique.
13. Le porreau sauvage.
18. L'aristoloche des vignes.
15. La morelle.

11e TABLEAU.

ANIMAUX UTILES.

1. Le cheval.
2. Le mulet.
3. L'âne.
4. La vache.
5 Le bœuf.
6. Le mouton.
7. La chèvre.
8. Le porc.
9. Le chien.
10. Le coq.
11. La poule.
12. L'oie.
13. Le canard.
14. Les abeilles.
15. Les vers à soie.

12e TABLEAU.

ANIMAUX ET INSECTES NUISIBLES A L'AGRICULTURE.

1. Le loup,
2. Le renard.
3. La fouine.
4. Le putois.
5. La belette.
6. Le hamster.
7. Le rat.
8. La souris.
9. Le campagnol.
10. La taupe.
11. Le corbeau.
12. Le pigeon.
13. L'escargot.
14. Le petit limaçon.
15. La limace rouge.
16. La sauterelle.
17. Le hanneton.
18. La larve du hanneton.
19. La taupe grillon, ou la courtillière.

20, 21, 22. La chenille et le papillon.

23. Œufs de chenille disposés en anneau.

24, 25. La bêche.

26. La guêpe.

INSTRUCTIONS

SUR LES TABLEAUX *

Les tableaux qui composent cet ouvrage représentent de nombreux objets aussi agréables à voir qu'utiles et intéressants à connaître.

Aux dénominations dont nous avons accompagné chaque objet, nous allons ajouter une explication claire et succincte de son emploi et de son utilité. Cette explication, jointe à la vue de ces objets figurés, présentera aux enfants non-seulement un sujet de curiosité, mais encore un excellent moyen d'acquérir, d'une manière agréable et facile, des connaissances préparatoires qui, plus tard, leur profiteront, quelle que soit la profession ou l'état qu'ils embrassent. Mais elles profiteront surtout à ceux qui se voueront à l'agriculture, à cette belle invention de l'activité humaine ; car l'agriculture, comme tout le monde le sait, a pour but de produire d'abord les substances alimentaires devenues indispensables à la nourriture de l'homme, et en partie, à celle des anmauixqu'il entretient pour son service ; puis, de fournir la matière première pour ses habits et pour beaucoup d'autres objets d'industrie que, peu à peu, les progrès de la civilisation l'ont forcé de créer.

(*) Nous rédigeons ces instructions d'une manière aussi simple que possible, afin que les maîtres puissent s'en servir, pour ainsi dire, mot à mot dans leur enseignement, et pour que la lecture en puisse être profitable aux enfants même sans maître.

1er TABLEAU.

DES INSTRUMENTS DITS ARATOIRES.

Pour que les plantes cultivées réussissent, il ne suffit pas que la terre à laquelle on les confie soit dans un état propre à la culture; il faut encore que le terrain ou le champ soit d'abord défriché, labouré, retourné, et la terre ameublie ; ensuite, qu'il soit entretenu dans un état de parfaite propreté, c'est-à-dire, qu'il n'y ait pas de mauvaises herbes. Tout cela exige une série d'opérations ou de labours préparatoires qui facilitent la végétation et la bonne venue de la plante.

Pour exécuter ces travaux, le cultivateur a besoin d'instruments, qu'on appelle *aratoires*. Ces instruments, de différente forme et construction, sont très-nombreux. Ce sont d'abord : les instruments pour défoncer et labourer la terre à la main : puis ceux qui sont mis en mouvement par des bêtes de trait. Ensuite, lorsque le champ a reçu les labours préparatoires, il faut l'ensemencer ou l'emplanter, ce qui exige encore d'autres instruments ; il en faut d'autres encore pour nettoyer le champ et en extirper les mauvaises herbes. Enfin, pour transporter les récoltes et les mener à la grange, pour charrier les engrais, tant solides que liquides, on a des instruments de transport. Il y en a beaucoup d'autres encore pour exécuter les divers travaux dans l'intérieur d'une ferme. Tous ces instruments sont représentés sur les quatre premiers tableaux intuitifs. Nous allons les passer successivement en revue, en commençant par les instruments de labours à la main.

Dans les premiers temps de l'agriculture, avant qu'on eût inventé la charrue et qu'on fût parvenu à dresser le cheval et le bœuf à la tirer, les laboureurs durent exécuter les travaux de la terre avec des instruments maniés à force de bras. De nos jours encore ces instruments sont indispensables pour les labours qu'il faut exécuter sur des champs situés sur la pente *raide* d'une colline ou d'une montagne, sur des champs enclavés, dans les vignes et les jardins. Les principaux instruments de cette espèce sont :

(*Tableau* 1er. *Figure* 1re). Le PIC, espèce de bec allongé, en fer, fixé au bout d'un manche solide, en bois de hêtre. Il sert à défoncer le sol rocheux et pierreux.

(*Figure* 2). La HOUE à défoncer : instrument fortement constitué et servant à défoncer la terre à une certaine profondeur et à la renverser, là où la charrue ne peut être employée pour ce travail. Il sert, en outre, à déraciner les haies et les arbres.

(*Figure* 3). Le HOYAU, plus léger et plus incliné, sert principalement dans l'échalassement de la vigne.

(*Figure* 4). La PIOCHE ou HOUE BIDENTÉE, dont les lettres *a*, *b*, *c*, *d*, *e*, *f*, présentent différentes formes, sert à ouvrir la terre, à la retourner, et supplée ainsi à l'action de la charrue dans les endroits où celle-ci serait trop à l'étroit pour pouvoir fonctionner librement. On l'emploie principalement pour le piochage ou premier labour qu'on donne à la vigne, aux labours préparatoires des champs enclavés qu'on veut ensemencer ou emplanter de pommes de terre et d'autres plantes racines.

(*Figure* 5). La HOUE TRIANGULAIRE, en usage dans quelques contrées vignobles pour piocher la vigne.

(*Figure* 6). HOUE LARGE, dont on se sert dans les contrées septentrionales de la France pour donner à la vigne le troisième labour ou second binage. Travail superficiel pour opérer la destruction des mauvaises herbes.

(*Figure* 6 bis). Est une HOUE qui a moins de largeur que la précédente. Elle sert à creuser de petites fosses ou augets, à ouvrir des tranchées pour la plantation et le provignage de la vigne, etc. Les deux autres formes représentées sur le tableau servent aux mêmes opérations.

(*Figure* 7). La BÊCHE du jardinier. C'est l'instrument principal du jardinier ; il remplace, chez lui, la houe et la pioche pour l'exécution des labours préparatoires du terrain à ensemencer ou à emplanter.

(*Figure* 8). La PELLE A SABLE, d'une construction légère, est employée à jeter du sable ou de la terre hors d'une excavation ou d'une fosse, ou à charger ces matières sur un tombereau, etc.

(*Figure* 9). LA BÊCHE A GAZON sert à enlever le gazon découpé, lors de la formation d'une rigole à irrigation ; elle sert encore dans l'opération de l'écobuage.

DES CHARRUES.

La CHARRUE est devenue depuis longtemps un instrument indispensable à l'agriculture, et, on peut ajouter, le plus utile de tous. Sans la charrue, une immense surface de terre resterait inculte, faute de bras suffisants pour la retourner, et la famine ferait, tous les ans, beaucoup de victimes parmi les populations si nombreuses dans les contrées civilisées.

Au moyen de la charrue traînée par un bœuf ou un cheval, il se fait plus de travail dans l'espace d'une heure, qu'on n'en obtiendrait dans un jour par le travail à main de plusieurs hommes.

Disons quelques mots des charrues primitives, dont on trouve encore des exemples dans quelques contrées de l'Asie et de l'Afrique. Leur construction défectueuse les rendait impropres à opérer un labour parfait, vu qu'elles n'avaient ni coutre, ni versoir, et n'ouvraient, par conséquent, le sol qu'à peu de profondeur, sans couper la terre par tranches et sans la retourner par bandes, comme le font les charrues d'aujourd'hui.

C'étaient, comme on levoit d'après les figures 10, 11, 12 et 13 du 1er tableau, des espèces de houes à cheval, dont il sera question plus loin.

Les figures 14, 15, 16, 17 et 18 de ce tableau représentent cinq des charrues les plus usitées de nos jours. Elles sont d'une construction à peu près égale quant aux pièces principales qui les composent, et ne diffèrent entre elles que par quelques accessoires et par la force de leur construction, plus propre à telle ou telle nature du sol.

Les pièces ou parties principales qui doivent composer une bonne charrue, sont :

Fig. 17. *a*) le corps de la charrue ; (*b*) le coutre : (*c*) le soc ; (*d*) le sep ; (*e*) le versoir ; (*f*) l'age ; (*g*) les mancherons ; (*h*) l'avant-train et le régulateur.

Le *coutre* est une espèce de couteau fixé dans l'age au-dessus et un peu au-devant du soc, et servant à couper, en tranches perpendiculaires, la terre d'un champ. Le soc enlève cette terre et la transmet horizontalement au versoir, qui se trouve à la droite de la charrue. Le versoir renverse cette tranche de terre dans un mouvement continu et dans le sens oblique, ce qui forme alors ce qu'on appelle le *sillon*.

Le *sep* est cette partie de la charrue qui glisse au fond du sillon, en appuyant sur la terre. Il fixe les diverses pièces de la charrue dans leur partie inférieure.

L'*age* ou la *flèche* est cette partie qui, quoique posée en dehors du corps de la charrue, lui imprime néanmoins le mouvement de progression qui la fait avancer dans le sol.

Les *mancherons* sont des pièces de bois placées d'ordinaire en biais sur le derrière du corps de la charrue. Ils servent à la maintenir dans une bonne direction, et à faciliter son renversement du côté opposé au versoir, lorsqu'on passe d'un bord du champ à l'autre pour recommencer un nouveau sillon.

Toutes les charrues peuvent être rapportées à deux espèces principales : celles à *avant-train*, representées *fig.* 17 *et* 18, et celles *sans avant-train*. On donne le nom d'*araires* à celles de la seconde espèce qui ont, vers la pointe de l'age, un appui, espèce de sabot qui remplace l'avant-train. Les charrues de l'Alsace appartiennent à la première espèce. La charrue écossaisse (*fig.* 14) celle dite *Belge* ou Flamande (*fig.* 15) et la Vosgienne (*fig.* 16) sont de la seconde espèce. Dans celles-ci se trouve fixée, à l'extrémité de la flèche, une pièce en fer, du nom de *régulateur*, parce qu'elle sert à régler la profondeur du labour, et à modifier la largeur du sillon ouvert par le soc. Plus le point du tirage est élevé sur ce régulateur, plus le labour devient profond ; tandis qu'en l'abaissant, le contraire a lieu.

Dans les charrues à avant-train, l'entrure ou profondeur du labour se règle d'une manière toute différente. Elle se fait en allongeant ou en raccourcissant la flèche, c'est-à-dire, en éloignant ou en rapprochant l'avant-train du corps de la charrue. A cet effet, la flèche est percée, à sa partie antérieure, de plusieurs trous, et porte un arrêt de fer, en forme de petit marteau, servant à fixer l'anneau de la chaine qui retient l'anneau de la sellette et l'avant-train. En éloignant l'avant-train, et augmentant de cette manière la longueur de la flèche, on diminue la profondeur du labour; en l'approchant, la profondeur augmente. Certaines charrues ont, en outre, un petit appareil au moyen duquel la flèche peut être haussée ou abaissée vers la partie postérieure.

Dans les charrues *araires*, la tranche coupée du sol a d'autant plus de largeur, que le point de tirage est placé plus à droite. Avec la charrue à avant-train, on obtient le même effet en portant la pointe de la flèche, qui pose sur la sellette, plus à droite. En portant cette pointe vers la gauche, le soc se dirige du côté du sol, tandis que dans le premier cas, il se dirige du côté du sillon.

Les conditions générales d'une bonne charrue sont : d'ouvrir le sol à une profondeur voulue ; de soulever et de renverser obliquement et non pas à plat la bande de terre détachée par le soc, et tout cela dans le moindre espace de temps et avec le moins de force possible.

Une charrue légère convient aux terres légères, tandis que les terres fortes et tenaces et les terres pierreuses exigent une charrue de construction solide, avec ferrements multipliés.

Voici maintenant le côté avantageux et le côté défectueux des deux espèces de charrues dont nous avons parlé :

L'*araire :* 1° coûte moins que la charrue à avant-train ; 2° le laboureur peut lui imprimer plus facilement une direction soit à droite soit à gauche. Mais comme cette charrue est sujette à dévier, elle demande, pour la diriger, une main forte et exercée.

La *charrue à avant-train* trace des sillons plus réguliers, et elle peut retourner une tranche de terre de peu d'épaisseur, si on le juge à propos. Elle fonctionne bien, en général, dans les sols plutôt légers que forts.

LA HERSE.

(Fig. 20, 21 et 22 du 1er Tableau.) La HERSE est une espèce de châssis en bois, armé de dents de bois et quelquefois de fer, droites ou inclinées. Elle remplace dans la grande culture le râteau du jardinier.

Ses fonctions consistent : à émietter la terre labourée; à couvrir de terre les semences ; à dégager le collet des plantes graminées et à les rechausser (couvrir de terre les racines). Les formes les plus convenables sont celles que nous indiquons *fig.* 20, 21, 22.

Pour égaliser les terres légères, une herse à dents de bois est suffisante ; elle convient également pour enterrer la semence ; mais, pour les terres fortes et pour les terrains pierreux, une herse pesante à dents de fer devient indispensable. Une herse à dents droites ameublit mieux la surface du champ, celle à dents inclinées pénètre à une plus grande profondeur, et lorsqu'elle est traînée à rebours, elle fait le même effet que celle à dents droites.

La figure 23 représente une espèce de herse sans dents, qui ne fait que glisser ou frotter sur le sol. Cet instrument, composé d'un cadre de bois et de cinq traverses entrelacées d'osier, est employé au-delà du Rhin pour ameublir et égaliser le champ ensemencé. On prétend qu'elle opère mieux que la herse ordinaire ; un homme se pose dessus en appuyant alternativement l'un de ses pieds d'un côté du châssis, et en lui imprimant par là un petit mouvement de rotation.

LE ROULEAU.

Le ROULEAU, représenté par les figures 24 et 25, tableau 1er, est un cylindre ordinairement en bois, quelquefois en pierre ou même en fonte, au-devant duquel on attelle deux et jusqu'à trois bêtes de trait.

Sur les terres fortes, le rouleau a principalement pour effet de briser les mottes et d'ameublir la terre. Mais, pour obtenir cet effet, il faut que l'opération ne soit entreprise que dans un moment où les mottes, sans être boueuses, ont encore assez de fraîcheur pour se laisser facilement écraser. Sur les terres légères son effet se borne à donner plus de consistance au sol, ce qui conserve plus longtemps l'humidité à cette espèce de terrain. L'opération du rouleau concourt puissamment à réchausser les plantes, c'est-à-dire, à en couvrir le pied de nouvelle terre. Elle est encore utile pour enterrer les semences fines.

INSTRUMENTS POUR LES SEMAILLES.

L'ensemencement est une opération de la plus haute importance ; car, si elle n'est pas faite avec intelligence, le succès de la récolte se trouve compromis.

Les instruments pour les semailles sont peu nombreux. Pendant longtemps ils se bornaient, pour la semaille du blé et des graines légumineuses, à un sac ordinaire, suspendu à l'épaule du semeur en forme d'une gibecière posant sur la hanche gauche, et présentant son ouverture à la main droite. Tous les deux pas qu'il fait, le semeur y prend une poignée de semence qu'il répand à une certaine distance de chaque côté de la ligne qu'il parcourt.

Depuis plusieurs années, on a inventé différentes machines pour semer ; on les appelle *semoirs*. Avec ces machines, conduites soit à la main, soit à l'aide d'animaux, on sème, en lignes, le blé et les légumes secs, mais particulièrement les semences fines du colza, de la navette et des carottes. La figure 19 du 1er tableau représente un de ces semoirs à main pour les semis des haricots.

Le mode de semer en lignes et au moyen d'un semoir n'étant pas également avantageux pour toutes les plantes cultivées, celui à la volée lui est préféré jusqu'ici dans les exploitations d'une moyenne étendue, principalement pour les semis des céréales et des herbes fourragères. Dans les exploitations de grande étendue, on se sert tantôt de l'un, tantôt de l'autre de ces deux modes.

INSTRUMENTS POUR LA PLANTATION ET LE REPIQUAGE.

PLANTER, c'est mettre ou poser dans une terre préparée à cet effet, la racine ou une portion de racine, ou, enfin, les boutures d'une plante, afin qu'elles reproduisent une plante nouvelle de la même espèce.

Pour la plantation des tubercules, tels que pommes de terre et topinambours, on se sert d'une houe (*fig*. 37, 38, 1er *tableau*), avec laquelle on creuse de petites fosses rondes, distantes entre elles d'un demi-mètre, et dans lesquelles on place, soit une tranche du tubercule, soit un tubercule entier. On plante aussi quelquefois les pommes de terre dans les raies tracées par la charrue. Quant à la garance et au houblon, qu'on multiplie par boutures, on les plante dans des trous faits au *plantoir* dont on voit plusieurs exemplaires sous les figures 29, 30, 31, 32, 33 du 1er tableau. On se sert de la taravelle (*fig.* 44) pour la plantation des boutures de la vigne; mais pour celle des plants de vigne à racines, on creuse ordinairement, avec une houe, de petites fosses ou augets, dans lesquels on les plante à la suite les uns des autres.

On se sert également d'un plantoir pour le repiquage des jeunes plants de tabac, de betteraves, de navets de Suède, des choux-raves venus en pépinière, et quelquefois aussi pour repiquer des plants de colza, de navette et de carottes venus en plein champ. Les plantoirs servent en même temps à serrer, au moment de la plantation, la terre contre la racine des jeunes plants. Les trous dans lesquels on plante ainsi, sont formés sur des lignes tracées par la charrue ou indiquées seulement par une ficelle tendue à travers le champ, ce qu'on appelle le *rayonneur*, représenté par les figures 48 et 48 *bis* du 1er tableau.

INSTRUMENTS SERVANT AUX TRAVAUX D'ENTRETIEN DES PLANTES SUR PIED.

La terre nouvellement ensemencée ou emplantée se durcit ordinairement peu après, et le sol du champ se couvre de mauvaises herbes qui nuisent à l'accroissement des plantes et les empêchent de mûrir à temps. Pour obvier à ce mal, on exécute certains labours entre les plantes sur pied, afin d'ameublir de nouveau la terre et de la débarrasser de ces mauvaises herbes. Ces labours, auxquels on donne les noms de *sarclage*, de *binage* et de *buttage*, s'exécutent ainsi qu'il suit :

Le sarclage se fait à la main ou avec des instruments appelés *sarcloirs*, représentés par les figures 34, 35 et 36 du 1er tableau.

Pour le binage entre les plantes, de même que pour le buttage, on se sert, d'ordinaire, de houes de différentes formes (*fig*. 37, 38, 39, 40, 41, du 1er *tableau*). Le buttage fait non-seulement l'effet d'un binage, mais il a encore l'avantage de rehausser la terre meuble autour du pied ou collet du jeune plant, qu'il affermit par là, et le préserve de la sécheresse et du trop d'humidité, ainsi que du mauvais effet du vent.

Pour le premier binage à donner à la vigne, on se sert de la pioche ou houe bidentée (*fig*. 4). Pour le 2e et le 3e binage, là où il y a lieu, on emploie généralement la houe large (*fig*. 6, 1er *tableau*) qui enlève seulement l'herbe qui se trouve à la surface de la terre.

Pour accélérer les travaux de sarclage, de binage et de buttage, sur des terres étendues, on a inventé, de nos jours, plusieurs instruments mis en train par des chevaux ou des bœufs. La figure 28, 1er tableau représente une espèce de charrue, dite *houe à cheval*, à trois houes triangulaires au lieu de socs, et qui peuvent être approchées ou éloignées l'une de l'autre suivant le besoin. Ces houes, en passant entre les plantes cultivées dans des lignes un peu écartées binent la terre et détruisent les mauvaises herbes. Cet instrument, destiné à remplacer la houe à main, offre un binage de peu de frais, car, dans un sol bien préparé, il peut remplacer, par jour, le travail de vingt ouvriers. Cependant, dans la plupart des cas, il faut achever l'opération au pied des plantes, par un travail à la main.

On a aussi inventé depuis peu des charrues à butter, garnies d'un soc triangulaire et de deux versoirs, soit immobiles, (*fig*. 26, 1er *tableau*), soit mobiles (*fig*. 27, 1er *tableau*), et pouvant être rapprochés ou écartés du corps de la charrue comme deux ailes, selon la distance des ligues plantées. Le premier présente l'avantage que les versoirs peuvent être construits en fonte et conformés de manière à effectuer un buttage complet.

Le **RATEAU** simple (*fig.* 45) n'agissant que sur une petite étendue de terrain, telle qu'une planche de jardin, remplace l'action de la herse, en cassant les petites mottes et aplanissant la terre qui a été fraîchement remuée avec la bêche ou la pioche. Il sert encore à enterrer superficiellement les semences fines. On peut aussi l'employer à nettoyer les prés et les vergers de la mousse, des feuilles mortes et d'autres ordures qui les couvrent.

Le **TRANCHE-GAZON** (*fig.* 42) sert à entailler le gazon, lors de la confection ou de la réparation des rigoles et des fossés d'irrigation. On s'en sert aussi pour l'écobuage d'une terre en friche, ou pour l'aplanissement d'une prairie qui présente des inégalités de terrain.

Les pelles, dites lève-gazon (*fig.* 43 *et* 9), servent à détacher et à enlever les gazons entaillés en carrés allongés, et à les poser en piles. La pelle, figure 9, un peu courbe, sert aussi à nettoyer les avenues des jardins.

La **SERPETTE** (*fig.* 46) et le **SÉCATEUR** (*fig.* 47) servent principalement à la taille de la vigne et des arbres. Ce dernier instrument, attaché à une perche, sert aussi à couper les petites branches d'arbres garnis de nids de chenilles.

La **PETITE SCIE** (*fig.* 49) sert à détacher le bois mort du pied de la vigne, ainsi que celui des arbres fruitiers.

La **HACHETTE** à bec courbe (*fig.* 50) sert au vigneron pour refaire la pointe émoussée des échalas de la vigne.

INSTRUMENTS DE RÉCOLTE.

Les instruments de récolte sont peu nombreux, si l'on excepte ceux de transport. Les principaux, parmi ces instruments, sont : la **FAUX** (*fig.* 51, 52) et la **FAUCILLE** (*fig.* 53).

La faux sans accessoires (*fig.* 51) sert à couper ou à faucher l'herbe des prairies, tant naturelles qu'artificielles, soit pour la sécher et la réduire en foin ou en regain, soit pour la faire consommer en vert par les bestiaux.

La faux garnie d'un accessoire (*fig.* 52), sert à couper les blés, particulièrement l'orge, qui, de cette manière, est renversée en endains.

La faucille (*fig.* 53, 1er *tableau*) est composée d'une lame courbée de la même composition que celle de la faux. On l'emploie principalement à couper le blé au temps de la moisson, ainsi que l'herbe de la lisière des vignes et d'autres lieux qui ne permettent pas de se servir de la faux. On a, tout récemment, inventé, pour la grande culture, des machines pour couper le blé, mais l'utilité n'en est pas encore bien constatée. On commence aussi à se servir de la faux pour couper le blé.

La figure 59, 1er tableau, représente le râteau à double rangée de dents et posé en biais. Il sert principalement, pendant la fenaison, à éparpiller les endains, à retourner le foin pendant la dessication, à former les petits tas, ainsi que les grands tas, au moment de charger le foin sur la voiture, et finalement à rassembler le foin éparpillé.

Les fourches en bois (*fig.* 60, 61, 1er *tab.*), servent aussi à disperser les endains et à retourner l'herbe pendant qu'elle sèche. La fourche à trois dents (*fig.* 61) sert aussi à rassembler le foin en tas; celle (62) à trois dents de fer et celle (63) à deux fourchons, servent surtout à charger et à décharger les gerbes de blé, le foin et le regain, et les bottes de paille.

La figure 64, 1er tableau, représente une espèce de petite corbeille attachée à une longue perche et servant à détacher et à descendre des arbres les pommes et les poires qui pendent hors de la portée de la main de celui qui récolte.

La figure 65 du 1er tableau représente un *fouloir à*

raisins, en bois dur, servant au foulage des raisins mis dans des tandelins au moment de leur cueillette.

2e TABLEAU.

INSTRUMENTS DE TRANSPORT.

Il est indispensable pour un cultivateur d'avoir de bons instruments de transport. Ces instruments sont de différentes sortes ; les uns servent au transport à dos ou à bras d'hommes, d'autres ne sont mis en mouvement qu'à l'aide d'animaux. Au nombre des premiers sont : les diverses hottes (*fig.* 1, 2, 3, 2e *tableau*). Ces hottes sont construites de baguettes entrelacées de bandes d'osier. Elles sont principalement en usage près des montagnes, et servent à transporter l'herbe qui provient du sarclage de la vigne ; au transport du foin et du regain récoltés sur les hauteurs, ainsi qu'à celui des tubercules et plantes racines. La grande hotte (*fig.* 3) sert surtout au transport des feuilles mortes prises dans les forêts, et qu'on emploie comme litière pour le bétail.

La hotte en douves de sapin (*fig.* 4) sert à transporter de la terre, du fumier d'étable ou du compost, dans la vigne, ou sur des champs et des prés enclavés.

La hotte (*fig.* 5), également construite en douves de sapin, et qu'on appelle *tandelin*, sert au transport à dos des raisins foulés, depuis la vigne jusqu'à la *balonge* de vendange, ou dans les fûts, dans lesquels on les conduit au pressoir. Cette hotte sert aussi au transport du vin, du pressoir dans les tonneaux à la cave.

La hotte à rames (*fig.* 6) n'est en usage que dans les montagnes, pour le transport, à dos, du foin et du regain récolté sur des hauteurs éloignées de la ferme.

Les PANIERS D'OSIER (*fig.* 7), qui peuvent être de différente grandeur, servent à transporter, sur la tête ou sur une brouette, toutes sortes de fruits, des légumes, etc.

La PETITE CUVETTE à vendange (*fig.* 8), en usage surtout dans le Haut-Rhin, et dont on place un certain nombre sur une voiture à ridelles (*fig.* 22), sert au transport des raisins non foulés de la vigne au cellier.

La figure 9 représente un brancard ou une civière sur laquelle deux hommes peuvent transporter des pierres ou d'autres matériaux d'un certain poids.

Les figures 10 et 11, 2e tableau, représentent deux brouettes ordinaires sur lesquelles un homme peut transporter un ou deux paniers remplis de fruits, de racines, de légumes et d'autres objets qui ne sont pas d'un grand poids.

La BROUETTE A BRANCARD OBLIQUE (*fig.* 12) sert principalement à transporter du bois du bûcher sur le lieu où il est scié et fendu.

La BROUETTE TOMBEREAU (*fig.* 13) sert à transporter des décombres, des ordures, du sable, etc.

La figure 14 représente une brouette qu'on emploie pour transporter du fumier de l'écurie au tas.

Voici maintenant les instruments de transport à tire de chevaux ou de bœufs :

La figure 13 représente un tombereau à rehausses et à bascule, posé sur deux roues, et destiné à être traîné par un cheval ou un bœuf. Cet instrument est indispensable non-seulement pour le transport des récoltes de racines et de tubercules, mais aussi pour celui du compost, du sable, des déblais, etc.

La figure 16 représente une *banne* d'osier, qui, étant placée sur une charrette, sert au transport, du champ à la ferme, de fourrage, de racines et de tubercules, ainsi que de fruits à pépins et à noyaux.

La figure 17 nous montre une charrette à ridelles et à brancard, servant à transporter toutes sortes d'objets de culture, comme du blé en gerbes, de la paille, du bois. Elle est ordinairement traînée par une seule bête, quelquefois par deux, attelées l'une devant l'autre.

La figure 18 représente un grand chariot à ridelles, à timon simple, portant à son extrémité deux chaînettes d'arrêt. Ce chariot pose sur quatre roues ; il est traîné par deux bêtes accouplées, qu'on peut faire précéder par une ou deux autres tirant à la volée. Il sert au transport de fortes charges de blé en gerbes, de paille, de foin, de regain, de bois, de fagots, etc. Les ridelles pouvant en être enlevées et remplacées par des planches, il en résulte une voiture propre au transport de fumier, de pierres, etc.

La figure 19 représente le grand chariot à purin. C'est une grande caisse fixe ou mobile, posée sur un grand train à quatre roues. Elle sert au transport du purin ou de vidanges sur les prairies, ainsi que sur les champs qu'on veut ensemencer de blé, de chanvre, ou emplanter de choux, de tabac, de plantes racines, etc.

La figure 20, 2e tableau, représente un chariot plus petit et plus léger que les deux précédents, et à timon fourchu, pour l'attelage d'un cheval ou d'un bœuf, ou pour deux bêtes de trait attelées l'une devant l'autre. Il fait le même usage que le grand chariot, avec la différence qu'il porte des charges plus faibles. Ces chariots légers conviennent particulièrement aux localités montagneuses.

La figure 21 représente une charrette à brancard surmontée d'une cuve oblongue, dite *balonge*, pour le transport de la vendange au cellier.

La figure 22 représente un chariot à quatre roues et à ridelles, sur lequel sont placées un certain nombre de cuvettes en bois de sapin, servant au transport du raisin non foulé de la vigne au pressoir.

(*Fig*. 23). Chariot à quatre roues portant deux futailles surmontées d'un entonnoir carré, pour faciliter l'introduction du raisin vendangé et foulé à la vigne, et qu'on doit transporter à une grande distance du lieu de la récolte, et par des chemins difficiles et montueux. Une petite porte pratiquée à l'un des fonds des fûts, facilite le déchargement du contenu à son arrivée au cellier.

La figure 24 représente un palonnier auquel on attache les traits des bêtes qui conduisent la voiture. Le palonnier est attaché au timon au moyen d'un anneau de fer qu'il porte et qui est fixé au timon par un arrêt en fer de la forme d'un marteau. Le palonnier des chevaux de volée s'attache à un crochet placé vers la pointe du timon.

La figure 25 représente une rame quadrangulaire qu'on place, au nombre de deux, l'une sur le devant de l'échelage de la voiture, l'autre sur le derrière, au-dessus des roues. Ces rames servent, dans le temps de la fenaison et de la moisson, à augmenter la charge dans le sens de la largeur, sans gêner la marche des roues. Elles préviennent aussi le renversement des voitures pesamment chargées et passant par des chemins difficiles.

La figure 26, *a*, *b*, représente deux sortes d'écarteridelles, servant à tenir les échelles suffisamment écartées par en haut et immobiles.

La figure 27 est un train de chariot, dont nous avons déjà fait connaître la composition, et dénommé les parties.

La figure 28 représente une roue de voiture. Nous avons également déjà fait connaître les principales parties qui la composent.

Le CRIC (*fig.* 29) est un instrument qui devient quelquefois indispensable pour soulever une voiture fortement chargée, et la faire sortir d'un creux, ou d'une ornière profonde dans laquelle elle se trouve engagée.

3e TABLEAU.

INSTRUMENTS SERVANT A L'EXÉCUTION DES TRAVAUX DIVERS DANS L'INTÉRIEUR D'UNE FERME.

1° *Pansement du Cheval et du Bœuf.*

Rien ne contribue plus à conserver la santé et la vigueur des bêtes de trait, et du cheval en particulier, que le pansement journalier à la main. Quoique le cheval de labour n'exige pas, sous ce rapport, des soins aussi minutieux que le cheval de luxe, il n'est pas moins constant que sa santé exige qu'il soit étrillé chaque jour, et nettoyé des ordures qui s'attachent à ses pieds pendant les labours et les marches qu'il fait dans des chemins embourbés. Le bœuf de labour, ainsi que la vache, ne peut se passer entièrement de cette opération, qu'on doit leur faire subir, au moins une fois par semaine.

Voici quels sont l'emploi et l'utilité de chaque instrument destiné à cette opération, et l'ordre dans lequel chacun doit être employé :

(*Fig.* 1.) L'ÉTRILLE. Cet instrument est construit d'une plaque en tôle, en forme de coffre ouvert de deux côtés, ayant, outre deux bords infléchis, cinq lames, dont quatre sont dentées en forme de petite scie ; la cinquième, qui se trouve au milieu et parallèlement aux quatre autres, est sans dents, et s'appelle le couteau de l'étrille.

En passant cet instrument à plusieurs reprises sur la peau de l'animal, et en y appuyant, les dents des lames sciées pénètrent à travers le poil jusqu'à la peau, et enlèvent la crasse qui y adhère ; le couteau-lame lisse les poils et les dépouille de la poussière qui les couvre.

La BROSSE OBLONGUE (*fig.* 2) sert à frotter les parties du corps de l'animal sur lesquelles l'étrille n'a pu passer.

Le PEIGNE (*fig.* 3) sert à peigner les crins partout où ils ont quelque longueur.

L'ÉPOUSSETTE (*fig.* 4) sert à épousseter le cheval de la poussière détachée par l'étrille et la brosse.

Le COUTEAU DE CHALEUR (*fig.* 5) sert à sécher le corps du cheval. On le frotte avec cet instrument, lorsqu'il se trouve inondé de sueur ou lorsqu'il est mouillé par la pluie ou autrement.

L'EPONGE (*fig.* 6) sert à mouiller le bas des jambes souvent sali par la crotte ; et la BROSSE à long manche (*fig*. 7), dite *Passe-partout*, sert ensuite à enlever cette eau.

Pour lisser le poil, on se sert aussi d'un bouchon de paille légèrement humecté.

Le CURE-PIEDS (*fig*. 8) sert à nettoyer le dessous des pieds ou les sabots; il enlève la terre durcie, le fumier et autres ordures qui en remplissent le creux.

La figure 9 représente un SEAU contenant l'eau pour le lavage et quelquefois pour le breuvage.

La FOURCHE en fer à trois fourchons (*fig*. 10) sert à éparpiller, à l'écurie, la litière sous le ventre de l'animal, et à charger du fumier sur la brouette destinée à cet effet.

Le BALAI d'écurie (*fig*. 11) sert à nettoyer l'écurie après l'enlèvement du fumier; et avec la PELLE en bois (*fig*, 12), on enlève le crottin.

La figure 13 représente un BATTOIR à fumier servant à battre et à raffermir le fumier quand on le charge sur la voiture pour le transporter aux champs.

IESA HRNAIS.

La figure 14 représente un cheval limonier muni de toutes ses pièces de harnachement, et attelé à une voiture à timon fourchu.

La bonne ou la mauvaise confection des harnais exerce une grande influence sur la force du tirage et même sur la santé de l'animal ; il est donc essentiel de se familiariser de bonne heure avec la bonne construction et l'utilité de chaque pièce qui compose les harnais des bêtes de trait et de somme, car ils ont pour but de gouverner l'animal dans les divers mouvements de traction, d'avance et de recul, et de le contraindre à employer toutes ses forces pour le déplacement ou le transport des charges qu'on lui impose.

Trois appareils distincts constituent le harnachement du cheval de trait (*fig*. 14). Le 1er et le plus essentiel est celui du tirage ; le 2e est celui de l'arrêt et du recul; le 3e, celui de gouverne.

La partie principale du tirage pour le cheval est, ou le *Collier*, ou la *Bricole*, avec leurs accessoires.

Le COLLIER est représenté sur le cheval (*fig.* 14), et les figures 15, 16, 17 et 18 représentent autant de colliers de formes diverses avec certaines modifications dans leur construction. Cet instrument est de forme ovale ; il entoure exactement l'extrémité inférieure de l'encolure, et se prolonge de chaque côté sur les épaules. Sur les deux côtés s'attachent les traits.

La BRICOLE. Sa principale partie est le *poitrail*, large bande de cuir qui ceint le poitrail du cheval, et se termine à ses deux extrémités, en arrière des épaules par deux anneaux de fer, auxquels viennent s'attacher es traits. Le poitrail est maintenu par deux courroies qui pendent sur les deux côtés, et dont la première est placée derrière la pointe de l'épaule, et la seconde est attachée à l'anneau auquel tiennent les traits.

L'usage du collier est presque général en France ; la bricole n'est en usage qu'en Alsace et dans une partie de l'Allemagne. Chacun de ces modes d'attelage a ses avantages et ses inconvénients que nous verrons dans la suite.

L'appareil de *recul* ou d'*arrêt* consiste, pour l'animal attelé à une voiture à timon fourchu, dans l'*avaloir*, qui ressemble fort à la bricole ; il consiste dans le *colleron*, pour les chevaux accouplés à une voiture à timon simple. (L'avaloir est représenté sur le cheval fig. 14 du 3e tableau.)

La pièce essentielle de l'avaloir est la bande de cuir qui entoure les fesses de l'animal, et qui a reçu le nom de *fessière*. Elle se termine, en avant et des deux côtés vers le milieu du corps, par un gros anneau auquel tient une petite chaîne qu'on attache à un crochet placé un peu au-devant du milieu des brancards du timon fourchu, au moyen de quoi l'animal arrête ou fait reculer la voiture.

L'*Appareil de gouverne* consiste, pour les chevaux, dans la *Bride*, les *Guides* et les *Rênes*.

La pièce essentielle de la bride est le *Mors*, qui se place dans la bouche du cheval et sert à régler sa marche. Les autres pièces sont plusieurs courroies de peu de largeur, qui montent le long de la tête du cheval, entourent le front, passent sous la gorge et soutiennent la bride. Ils ont reçu le nom de *Monture*.

Les GUIDES sont des cordes ou de longues lanières de cuir, qui s'attachent par un bout à l'extrémité de la branche du mors, et sont tenues, par l'autre bout, dans la main du conducteur.

Les RÊNES sont deux lannières de cuir destinées à soutenir la tête du cheval. Elles s'attachent par leur extrémité inférieure aux anneaux de l'embouchure du mors, et par leur extrémité supérieure elles sont réunies à la tête du collier.

La DOSSIÈRE (*fig.* 20) consiste en une large et double bande de cuir, posée sur la *Selle*, et dont les deux bouts, qui pendent sur les deux côtés du corps de l'animal, sont pliés en anse, pour supporter les brancards.

La figure 21 représente la SELLE que porte d'ordinaire le cheval attelé à gauche du timon, et sur lequel s'assied le conducteur de la voiture.

Les figures 22 et 23 représentent d'autres selles de bêtes de somme. La selle est maintenue en position par une sangle qui passe sous le ventre de l'animal et s'attache, par ses deux extrémités, à la selle, au moyen de boucles dont elle est munie.

Le mode d'attelage du bœuf est de trois sortes, savoir : l'attelage au joug double, celui au joug simple, et celui au collier.

Le premier de ces trois modes est le plus simple et le plus économique, parce qu'il permet de se passer de traits et d'avaloir ; mais il est gênant et très-fatiguant pour l'animal. Il ne peut être employé que dans l'attelage par accouple, à une voiture à timon simple. Ainsi attelées, les bêtes ont une marche très-lente ; mais il est facile de dresser les jeunes bœufs à ce genre d'attelage et de les conduire.

Le joug simple et le collier exigent la dépense pour les traits et l'avaloir ; mais cette dépense est compensée par l'allure plus dégagée de la bête et par l'augmentation de son travail.

Le joug tant double que simple se place derrière les cornes ; il est posé sur un coussin rembourré dont la moitié repose sur le front de l'animal ; il est assujetti fortement aux cornes par une lanière qui s'entrelace en croix sur le front et derrière les cornes.

L'emploi du joug simple et du collier chez le bœuf, présente cet avantage qu'on peut se servir des mêmes charrettes et chariots que pour les chevaux.

Le levier pour soulever une voiture, lorsqu'on veut en graisser les essieux, représenté par la figure 26 du 3e tableau, a, depuis un certain temps, utilement remplacé le cric dont on s'était servi dans cette opération.

L'usage de la boîte à oing s'explique de soi-même.

2° *Instruments pour la préparation des fourrages qu'on donne aux bestiaux dans la Ferme.*

L'usage du TIRE-FOIN (*fig.* 27) s'explique par soi-même, ainsi que celui du HACHE-PAILLE (*fig.* 28).

Les deux TRANCHE-RACINES (*fig.* 29, 30 et 31) sont destinés à couper en petits morceaux les tubercules alimentaires qui doivent servir à la nourriture du bétail. Ils sont constitués, l'un, d'une lame tranchante ayant la forme d'une S, l'autre, de deux lames posées horizontalement. Ils sont tous les deux attachés par leur douille à un fort manche.

La figure 32, 3e tableau, représente une machine de nouvelle invention pour couper les racines. Elle est composée de plusieurs lames tranchantes et d'un appareil de compression garni de dents. Elle fait plus de travail que les deux tranche-racines précédents, et fatigue moins l'opérateur.

Il existe une autre machine pour couper les racines : elle consiste en un disque garni de grandes lames adaptées au disque à la manière de la lame d'un coupe-choux. Son usage est également avantageux.

Les figures 33 et 34 représentent deux lanternes d'écurie, de différentes formes. Il est inutile d'en expliquer l'usage.

3o *Instruments ou ustensiles de laiterie et de fromagerie.*

L'usage des ustensiles qui servent à traire le lait, à en faire du beurre et du fromage est trop répandu pour que nous nous y arrêtions ici. Nous n'en mentionnerons que quelques-uns.

Le VASE A CRÊME (*fig.* 41) sert à y rassembler et à y conserver la crême jusqu'au moment où on la bat pour en faire du beurre.

Les formes à fromages ou chasserettes (*fig.* 42, 43 et 44), sont destinées à recevoir le lait cuit et coagulé, ou le lait caillé, qu'on y laisse jusqu'à ce que le fromage s'en soit formé.

La BARATTE ordinaire (*fig.* 45) et la BARATTE-BARIL (*fig.* 46) servent à battre du beurre.

Il reste à remarquer que tous les ustensiles de la laiterie et de la fromagerie doivent continuellement être entretenus avec une grande propreté, si l'on ne veut pas s'exposer à ce que le mauvais aspect et le mauvais goût du lait, du beurre et du fromage ne répugnent aux consommateurs, et ne nuisent à la vente de ces objets.

4e TABLEAU.

SUITE DES INSTRUMENTS DES TRAVAUX DANS L'INTÉRIEUR D'UNE FERME.

Un des principaux travaux dans l'intérieur d'une ferme, c'est le battement en grange. Les instruments dont on se sert pour cette opération sont :

Le FLÉAU (*fig.* 1) qui est composé d'un manche d'une certaine longueur, et du *battant* qui s'y trouve attaché au moyen de courroies faites avec du nerf de bœuf.

La FOURCHE de bois à trois fourchons (*fig.* 2) sert à retourner les gerbes qui ont été battues et déliées, et le râteau (*fig.* 4) sert à amasser, dans un coin de la grange, la paille battue, pour la lier en bottes.

La petite pelle (*fig.* 6) et le HUSSOIR (*fig.* 5) servent à amonceler dans un coin le blé battu, pour qu'il ne gêne pas le battage. A la fin de la journée, on procède au nettoyage du blé, au moyen du VAN (*fig.* 3), du crible (*fig.* 3 *bis*), et du tarare (*fig.* 9). On mesure ensuite la quantité de blé obtenu, au moyen du DÉCALITRE (*fig.* 8), et on le déverse dans un sac à grains (*fig.* 7) pour le porter au grenier.

La fig. 10 du 4e tableau représente une BROIE, qui sert à broyer les tiges de chanvre et de lin après le rouissage. Pour cela, on les sèche pour qu'elles se brisent facilement sous les lames de la broie, et que les parties ligneuses s'en détachent et tombent à terre. Ce travail se fait ordinairement au milieu de l'automne.

Les figures 11 et 12 du 4e tableau représentent ce qu'on appelle planches à espader le lin, et les figures 13 et 14, l'instrument avec lequel s'opère le battement.

La fig. 16, 4e tableau, représente une espèce de crible à mécanique, servant à nettoyer, en peu de temps, des quantités considérables de grains de lin. Cet instrument est principalement en usage dans le duché de Bade.

INSTRUMENTS POUR LA FABRICATION DU VIN.

Dans une exploitation agricole qui, à la culture des champs et des prés, joint celle de la vigne, on a besoin, pour la fabrication et la conservation du vin, d'un certain nombre d'instruments et d'ustensiles qui exigent d'ordinaire des dépenses considérables. Il est, par conséquent, très-utile que la jeunesse des contrées viticoles soit de bonne heure familiarisée avec la construction et l'usage de ces instruments.

Parmi les plus importants, il faut compter le **PRESSOIR** (*fig.* 18, 4ᵉ *tab.*). Celui que nous représentons est un pressoir *à vis*. Nous avons déjà fait connaître le nombre et les dénominations des pièces qui le composent, de même que les ustensiles accessoires pour la fabrication et la conservation du vin. Il nous reste à donner quelque explication de l'usage et de l'utilité de chacune de ces pièces.

Aussitôt qu'une charge de raisins a été amenée de la vigne au cellier du pressoir, elle doit être foulée, si elle n'a pas déjà subi cette opération à la vigne même. On se sert pour cela de **TANDELINS**, ou de cuvettes, et du fouloir. On peut encore se servir, à cet effet, de divers autres moyens, entre autres de la machine à fouler (*fig.* 20), composée de deux rouleaux cannelés, qui, se mouvant en sens contraire par l'action d'une manivelle, écrasent les grains de raisins placés au-dessus dans une espèce d'entonnoir. Les raisins ainsi foulés, sont, ou portés tout de suite sur le pressoir, ou jetés dans la cuve à fermentation. On procède aussitôt au pressurage des premiers, tandis que ceux jetés dans la cuve, doivent y rester plus ou moins de temps, pour y passer leur fermentation. Après quoi le vin nouveau est soutiré, au moyen du robinet, et porté dans les tonneaux, où il complète sa fermentation. Le marc des raisins qui est resté dans la cuve, en est tiré et porté sur le pressoir pour en extraire le reste du liquide qu'il contient. Le moût qui coule du pressoir avant qu'on ait donné les serrées, se nomme *mère-goutte*.

La figure 22 représente un tonneau de moyenne capacité, et à son côté se trouve représentée la **TINETTE**, dont on a besoin au moment de la transvasion des vins. On y voit aussi un baquet qu'on pose sous le robinet pour recueillir le vin qui se perdrait, ainsi que l'entonnoir qu'on pose sur le trou de la bonde, quand on verse du vin dans le tonneau.

AUTRES INSTRUMENTS POUR DIVERS TRAVAUX.

La figure 23, 4e tableau, représente une SELLETTE A PLANER, sur laquelle un homme, au moyen de l'instrument appelé *Plane* (*fig.* 24), peut exécuter différents travaux de racommodage d'ustensiles de bois.

La figure 25 représente une SCIE COURBE, qui, mise en mouvement par deux individus posés vis-à-vis l'un de l'autre, sert à couper de gros arbres.

La figure 26 représente une scie ordinaire, et la figure 27, le chevalet sur lequel on pose l'objet à scier.

La figure 28 représente une COGNÉE. La figure 29 est le TRONCHET sur lequel on met les objets que l'on veut couper avec la cognée.

La figure 30 représente une HACHE ordinaire qui sert à fendre le bois de chauffage.

Le HACHEREAU (*fig.* 31), la hache à fendre (*fig.* 32) et le coin servent aux mêmes usages.

Enfin les MEULES à aiguiser (*fig.* 34 et 35) servent à donner le fil aux différents instruments tranchants qu'on emploie dans une ferme.

Nous avons épuisé le nombre, la nomenclature et l'usage des différents instruments représentés sur les quatre premiers tableaux. Si ces instruments ne sont pas tous indispensables dans une ferme de moyenne étendue, ils y sont au moins très-utiles.

La dépense à faire annuellement, pour l'achat et l'entretien de ces instruments, doit engager le cultivateur à les préserver avec soin d'un dépérissement prématuré. Pour cela, il faut que ces instruments soient mis à couvert, à l'abri de l'humidité, ainsi que de l'action ardente du soleil. Il faut, en outre, que chaque instrument ait sa place où on puisse l'avoir sous la main, lorsqu'on voudra s'en servir.

5e TABLEAU.

NOTIONS GÉNÉRALES SUR LES PLANTES.

Les plantes que produit l'agriculture pour les besoins de l'homme et pour le bétail, sont dignes de toute notre attention, et elles fournissent un sujet assez intéressant pour que nous en donnions quelques notions sommaires.

Ce n'est pas ici le lieu d'entrer dans les connaissances physiologiques de la plante. Nous nous bornerons à expliquer sommairement les différentes parties dont elle est constituée, et à faire connaître les fonctions que chacune de ces parties exerce au profit de sa reproduction et de son entretien.

La plante est un être organisé. Elle est constituée de manière qu'elle tire sa nourriture, en partie de l'air, en partie de la terre ou du sol qu'elle occupe. Elle se reproduit par sa semence, et chaque graine ou semence en contient le germe. Le germe est entouré d'une substance farineuse qui est dissoute par l'humidité et la chaleur de la terre, et sert de première nourriture à la plante. En sortant de la graine, le germe prend une double direction : un filet se courbe en bas, et devient plus tard la racine ; l'autre se dirige en haut, et forme plus tard la tige.

La racine est cette partie de la plante qui s'enfonce dans le sol. De cette racine sortent de nombreuses radicelles destinées à puiser dans la terre les sucs nécessaires à la nourriture de la plante.

Les sucs puisés dans la terre par les radicelles, montent dans la tige de la plante, où ils se changent en sève. Cette sève peut être assimilée au sang chez l'homme.

La tige est cette partie de la plante qui sort de terre

et s'élève à l'air. Si elle est dure, comme celle d'un arbre, elle s'appelle *tige ligneuse*, *tronc*. Si elle est tendre, comme celle des herbes, on la nomme *tige herbacée*.

Les feuilles font aux plantes l'usage de poumons, en ce qu'elles aspirent l'air et l'humidité ; ainsi la plante périt dès qu'on lui enlève toutes ses feuilles.

La fleur est le dépôt de la semence. Le fruit, qui suit la fleur, contient la semence qui doit servir à la reproduction de la plante.

Sans les plantes, ni l'homme, ni les animaux ne pourraient exister ; car ce sont les plantes et les animaux qui s'en nourrissent qui fournissent à l'homme les aliments nécessaires à son corps. Les plantes nous donnent également la matière première pour une infinité d'objets qui nous sont essentiellement nécessaires.

Toute plante ne vient pas également bien dans toute espèce de terrain et dans toute contrée.

Dieu semble avoir destiné à chaque espèce de plante un climat et un terrain propres à son organisation et à sa réussite. De là naît, pour le cultivateur, la nécessité d'étudier la nature ou la composition du terrain qu'il cultive ; ce qui demande de sa part une connaissance préalable des éléments divers et spéciaux dont tout terrain doit être composé pour produire les plantes qu'on lui confie.

Les principaux éléments des terres qu'on met en culture sont de trois espèces, savoir : le *sable*, l'*argile* et la *chaux*. Mais, comme aucun de ces trois éléments n'est propre, à lui seul, à faire prospérer des plantes utiles, il faut qu'ils soient mélangés dans de certaines proportions, et que le sol contienne, en outre, une certaine quantité d'humus ou de terre végétale formée de la décomposition des plantes, des débris d'animaux et des engrais dont sa surface a été couverte de temps à autre.

Il résulte des différentes proportions dans ces mélanges une grande diversité dans la constitution des sols labourables. Le terrain, dans la composition duquel le sable granitique ou siliceux se trouve dans une proportion plus forte que les deux autres éléments, porte le nom de terrain léger, terrain sablonneux. Celui dans lequel domine l'argile est appelé terrain argileux. Lorsque ce terrain contient plus de trois quarts d'argile ou de glaise, on dit que c'est une terre tenace, froide et humide ; mais, lorsque la proportion d'argile ne surpasse guère la moitié des parties constituantes, le terrain possède les éléments d'une bonne terre, qu'on qualifie, dans ce cas, de terre forte, terre à blé.

Le terrain calcaire est celui dans lequel le carbonate de chaux prédomine (1).

On peut diviser en deux classes les plantes dont l'agriculture s'occupe principalement : 1° en plantes alimentaires ; 2° en plantes d'industrie ou de commerce.

On comprend sous le nom de plantes alimentaires : 1° les céréales graminées ou blés ; 2° les céréales légumineuses ; 3° les plantes racines.

Le tableau V représente les deux premières séries : les céréales graminées ou blés, et les céréales légumineuses.

Le FROMENT tient la première place parmi les céréales destinées à la subsistance de l'homme, parce que sa farine produit le meilleur pain connu, le pain blanc. Il existe un grand nombre de variétés de froment. En France, on en cultive généralement deux variétés connues sous les noms de froment d'hiver et de froment d'été : l'une se sème à l'automne ; et l'autre au printemps. Mais comme cette dernière variété donne moins de farine que la première et qu'elle est sujette à la rouille, on lui préfère le froment d'hiver.

(1) Pour avoir de plus amples explications sur cette matière, il faut consulter les éléments d'agriculture de MM. Bentz et Chrétien.

La farine de froment contient le plus de fécule nutritive, donne le pain le plus léger, le plus salubre et le plus nourrissant ; elle fait la base des fines pâtisseries ; on en confectionne les pâtes connues sous le nom de vermicelle, de macaroni, etc.

La paille de froment sert de litière pour le bétail qu'on nourrit à l'étable. Elle sert aussi de nourriture au bétail, en la tranchant et en l'ajoutant à des plantes racines également hachées.

Le froment est quelquefois attaqué par de petites plantes parasites, telles que la nielle, le chardon, ainsi que par la carie et la rouille ; malgré cela, il est la plante la plus précieuce qui existe ; il réussit sous presque tous les climats, et sa récolte est presque toujours assurée.

L'EPEAUTRE. Espèce de froment dont il a toutes les qualités, excepté que sa farine donne du pain de qualité inférieure, quoiqu'elle soit plus blanche que celle du froment.

L'épeautre convient particulièrement aux contrées froides, montagneuses et peu fertiles ; il craint moins l'humidité que le froment, et verse moins facilemeet.

Le **SEIGLE.** Cette céréale est, après le froment, la plus importante pour les contrées froides en particulier. Elle mûrit plus tôt, et rend plus en grains que le froment. Il réussit, en outre, dans les terres médiocres, qui ne peuvent convenir au froment.

Le seigle, mélangé avec du froment en égale proportion, donne ce qu'on appelle du *méteil*.

De la farine du seigle, moins blanche que celle du froment, on fait ce qu'on nomme le pain bis, qui est le pain de ménage du laboureur et du pauvre. Ce pain, quoique un peu lourd, est assez bien digéré par un estomac robuste ; il a l'avantage de se conserver plus longtemps frais que celui du froment.

Le seigle est sujet, dans quelques contrées de la France, et lors d'un été pluvieux, à une maladie qu'on nomme *ergot*, dont il faut avoir bien soin de purger le grain avant de l'envoyer au moulin; car le pain fait avec de la farine de seigle fortement ergotée, occasionne la gangrène sèche des bras et des jambes, et cause la mort des personnes qui en mangent. L'ergot consiste dans des grains de seigle allongés outre mesure, d'une couleur violacée.

La paille de seigle, plus longue, plus droite et plus élastique que celle de froment, est employée de préférence pour les toits de chaumière, pour faire des liens, des nattes, de même que pour fabriquer des chapeaux de paille.

L'ORGE est aujourd'hui cultivée en abondance dans toutes les contrées de l'Europe. L'histoire rapporte qu'elle servait déjà, il y a plus de deux mille ans, à l'alimentation de l'homme chez les Egyptiens et les Romains. Aujourd'hui, sa farine n'est plus employée pour faire du pain, si ce n'est mélangée avec de la farine de seigle. Le pain d'orge est gris, compacte, grossier, d'où le proverbe: *grossier comme du pain d'orge*. Il est moins nutritif que le pain de seigle, et se digère difficilement. Dans nos contrées elle sert principalement à la fabrication de la bière. Pour cela, on la fait germer, puis dessécher par la chaleur; dans cet état, on lui donne le nom de *drèche*.

L'orge sert partout d'aliment à la volaille, aux pigeons, etc. L'homme la mange mondée de son écorce (orge mondée); et, lorsque l'opération qu'on lui fait subir au moulin, à cet effet, est répétée au point d'en faire une espèce de gruau, on l'appelle *orge perlée*. L'orge aime, pour réussir, les terrains secs et bien meubles.

L'AVOINE, comptée parmi les céréales, servait autrefois d'aliment à nos ancêtres; mais aujourd'hui, sauf quelques pays froids du nord, où elle sert encore de nourriture au peuple, on ne la cultive plus que pour la donner à manger aux bestiaux et principalement aux chevaux. Il existe plusieurs variétés d'avoine. Elle est peu exigeante sous le rapport du sol; toutes les terres semblent lui convenir. Coupée en vert, elle procure un bon fourrage pour le bétail.

Le **MAIS** ou blé de Turquie n'est connu dans nos contrées septentrionales que depuis quelques siècles. Il n'occupe qu'une faible place dans notre agriculture.

On peut cultiver le maïs dans toute contrée où mûrit le raisin. Il aime les terrains légers. Sa graine sert d'ordinaire à l'engraissement des oies, des poules et des porcs, et rarement on s'en sert, dans nos contrées, comme aliment pour l'homme. On sème parfois le maïs pour en couper la tige avec les feuilles et les faire consommer en vert par les bestiaux, et surtout par les vaches. Sa paille est, en outre, recherchée pour en remplir les paillasses.

Dans les contrées où le maïs mûrit plus facilement, et où on le cultive pour la nourriture de l'homme, on en réduit les grains en farine, dont on fait des bouillies, des potages, des galettes, des gâteaux, etc. En mélangeant cette farine en proportion égale avec de la farine de froment, on en obtient du pain d'une saveur agréable, facile à digérer, nourrissant et se conservant longtemps frais comme le pain de seigle.

DES CÉRÉALES LÉGUMINEUSES.

On appelle *céréales légumineuses*, *plantes légumes* ou *légumes secs*, les plantes dont les graines, contenues dans des cosses, servent d'aliments aux hommes et aux animaux. Une partie de ces légumes est consommée verte; l'autre partie est consommée en état sec; c'est-à-dire, on mange la graine seulement, qu'on a laissée sécher. Tels sont la fève et les féveroles, les haricots, les pois et les lentilles, qui sont à peu près les seuls légumes secs cultivés dans nos contrées.

La variété de *fève* la plus cultivée en grand est celle qu'on nomme *féverole*. On la donne à manger aux chevaux et aux porcs à l'engrais. Il est préférable de les faire cuire pour cet usage.

Les **HARICOTS**. Il en existe de nombreuses variétés. On en cultive dans les jardins et sur les champs. Pour les champs, on préfère les haricots *nains*, qui n'ont pas besoin d'appui.

Les haricots verts se mangent avec leurs gousses et sont de facile digestion ; mais la graine séchée ne convient qu'aux estomacs robustes et aux personnes qui travaillent en plein air.

Les **POIS**. Il y a aussi plusieurs variétés de pois. Le *pois commun* occupe le premier rang parmi les plantes légumes ; c'est un aliment sain et nourrissant. Les pois réussissent dans tous les pays où le froment est cultivé. Ils demandent une terre substantielle et un profond labour. Les petits pois, mangés verts, sont très-agréables et très-recherchés ; ils nourrissent peu, mais sont faciles à digérer. Les pois secs nourrissent davantage, mais ils sont d'une digestion plus difficile.

Les **LENTILLES** se cultivent comme légume ou comme fourrage. Leur usage comme légume est très-ancien ; preuve, le plat de lentilles que Jacob vendit à son frère Esaü, suivant l'Ecriture Sainte.

Il en existe deux variétés : l'une, grosse et jaunâtre ; l'autre, petite et d'un rouge grisâtre. On les sème quelquefois avec d'autres légumineux, pour les couper en vert, ce qui donne un excellent fourrage.

Quant aux graines que l'on mange cuites et en purée, mais jamais vertes, elles forment, pour l'homme qui travaille, une nourriture substantielle, facile à digérer et d'un goût agréable. Elles fournissent une ressource précieuse pour les années où le blé n'a pas bien réussi.

TABLEAU VI.

DES PLANTES RACINES ET DES TUBERCULES.

Les plantes racines et les tubercules constituent à la fois un aliment pour l'homme et pour le bétail.

Nous commencerons par la POMME DE TERRE, qui est, de nos jours, la plus utile des plantes à tubercules, et qui est digne que nous nous étendions un peu sur son usage et son utilité.

Il y a à peine cent ans que l'usage de la pomme de terre s'est répandu en Europe, où elle a été introduite en venant de l'Amérique.

Dans les premiers temps de son apparition en Europe, on en faisait peu de cas ; on la croyait tout au plus bonne à être donnée à manger aux porcs ; mais peu à peu on eut occasion de reconnaître les avantages que ce tubercule présente sous une multitude de rapports ; et aujourd'hui il est, après le blé, la plante alimentaire la plus estimée, tant pour l'homme que pour les animaux domestiques. Depuis qu'on la cultive, il s'en est produit de nombreuses variétés : les unes sont hâtives et sont bonnes à manger dès la Saint-Jean ; les autres sont tardives et ne doivent être récoltées qu'à la fin de septembre et en octobre. Il y en a aussi de différentes couleurs : Il y en a de blanches, de jaunes, de roses, de rouges, de marbrées, de grosses, de moyennes. Elles se conservent jusqu'à la fin du mois de mai.

Six ares de terrain plantés de pommes de terre suffisent presque, lorsqu'elles réussissent, pour nourrir une famille de six personnes pendant huit mois de l'année.

La pomme de terre a encore un autre avantage bien précieux, c'est qu'elle peut être cultivée sous presque tous les climats ; mais c'est principalement dans une terre granitique ou sablonneuse, un peu profonde et pourvue d'engrais, qu'elle obtient ses bonnes qualités.

Mais ce qui élève encore le mérite de la pomme de terre au-dessus de celui de toutes les autres plantes nourricières, excepté le blé, c'est sa culture facile, son grand produit (jusqu'à 80 hectolitres par arpent de 20 ares), la forte proportion de ses principes nutritifs, le peu de préparation qu'elle exige pour être convertie en aliment, enfin les mets et les nombreux objets alimentaires qu'on peut en tirer.

La fécule de la pomme de terre sert à faire de l'amidon, des vermicelles, etc.; on peut la mêler, dans la proportion d'un tiers à la farine de froment; le pain qui en résulte est blanc, savoureux. Enfin, de cette fécule, lorsqu'elle a fermentée, on obtient de l'eau-de-vie, et même du sirop qu'on appelle *glucose*.

La pomme de terre fournit en outre un bon aliment pour les chevaux, les bœufs et les vaches, pour l'engraissement des porcs, pour la volaille. Tous ces animaux la mangent avec appétit lorsqu'elle est cuite : ils s'en trouvent fort bien, et s'en engraissent même lorsqu'elle est mélangée avec de la farine de blé ou de féveroles. Les variétés de pommes de terre que l'on cultive de préférence pour les faire servir d'aliment au bétail, sont celles qui prennent le plus grand volume.

D'après ces immenses avantages que présente la pomme de terre, on peut facilement concevoir la grande inquiétude des peuples, lorsqu'ils virent, dans ces derniers temps, pendant sept années consécutivement humides, ce tubercule être affecté d'une maladie qui en détruisait un grand nombre, et empêchait la bonne maturité des autres.

Il arrive alors ce qui arrive d'ordinaire dans les afflictions générales : les savants et les agronomes n'étant pas d'accord sur les causes de cette maladie, et les remèdes qu'ils recommandèrent, pour la combattre, ne produisant pas d'effet, la classe ignorante du peuple, qui se laisse facilement pousser par des insinuations perfides, voulait voir ces causes dans la fumée du charbon de terre provenant des locomotives des chemins de fer. Cette fumée empestait l'air, disait-on. Cette idée absurde se propagea au point que, dans certaines contrées où, hâtons-nous de le dire, l'ignorance l'emporte encore sur le bon sens, les chemins de fer couraient de grands risques d'être détruits. Mais on ouvrit enfin les yeux, lorsque, en 1855, une température plus sèche et plus propice que celle des années précédentes favorisa la végétation de la pomme de terre, qui nous fournit une récolte abondante et de bonne qualité. On se convainquit alors que la température pluvieuse à l'excès, qui avait régné pendant plusieurs années, au moment de la végétation de la pomme de terre, devait être regardée comme la principale, sinon l'unique cause de la détérioration de ce précieux aliment.

Le TOPINAMBOUR (fig. 10). Ce tubercule oblong et écailleux naît à l'extrémité des racines de la plante. Il est rougeâtre en dehors et très-blanc à l'intérieur. On ne le cultive généralement, dans nos contrées, que pour le faire servir d'aliment, en hiver, pour le bétail, mais les hommes s'en nourrissent rarement. La culture n'en est pas très-répandue ; on ne lui consacre que les terrains médiocres, sablonneux et peu propres à la culture d'autres plantes, parce qu'il devient difficile de le faire disparaître du champ sur lequel il a une fois pris racine. Du reste, il supporte fort bien la sécheresse et ne craint pas le froid, ce qui fait qu'on peut le récolter au fur et à mesure des besoins, même pendant l'hiver. Comme il est très-aqueux, il est bon de lui adjoindre, pour les moutons principalement, du sel, et d'y mêler des fourrages secs. On en peut aussi employer les feuilles et les jeunes tiges comme fourrage vert.

La CAROTTE (fig. 11 et 12) est une racine longue, conique, devenant plus ou moins volumineuse ; elle est d'une saveur sucrée. Il y en a plusieurs variétés : de blanches, de jaunes, de rougeâtres. Elles forment toutes un aliment très-nutritif, tant pour l'homme que pour le bétail. Dès les temps les plus anciens on l'a cultivée comme aliment pour l'homme ; mais, de notre temps, elle est devenue un objet de grande culture comme plante fourragère. On préfère, dans ce cas, la variété blanc-jaune, à collet vert.

Comme fourrage, la carotte est recherchée avec avidité par le gros et le menu bétail, qui s'en engraissent facilement. Elle rend aussi le lait des vaches meilleur et plus abondant, et rétablit, plus promptement que l'avoine, les chevaux épuisés par la fatigue.

Le PANAIS (fig. 13) forme aussi une bonne nourriture pour les animaux domestiques. Jusqu'ici la culture n'en est pas fort étendue dans nos contrées. Il présente cependant l'avantage d'être insensible au froid, ce qui permet de le laisser en terre pendant l'hiver.

Le NAVET (fig. 14, 15 et 16). Il y en a plusieurs variétés. Celle dont la culture est la plus étendue, est semée sur les chaumes, immédiatement après l'enlèvement de la récolte du froment. C'est une racine blanche à collet violet, se montrant en partie hors de terre, longue (fig. 14), quelquefois renflée par le milieu (fig. 15), ou même courte et déprimée de bas en haut (fig. 16). Comme cette racine se montre peu sensible aux premières gelées d'automne, on ne la récolte d'ordinaire que vers la Toussaint.

Le navet fournit une nourriture saine pour l'homme. Pour le conserver jusqu'au printemps, on le coupe en tranches minces qu'on saupoudre de sel et qu'on met sous presse dans une tonne; ce qu'on appelle le *navet aigre*, à la manière des choux aigres, appelés vulgairement *choucroute.*

Le navet fournit aussi une nourriture saine et rafraîchissante pour le gros et le menu bétail. Dans ce cas, il faut le faire consommer dès le commencement de l'hiver, parce qu'il est à cette époque plus nourrissant qu'au printemps.

La BETTERAVE (fig. 17, 18, 20). Ses principales variétés sont : la betterave champêtre, la betterave blanche, la betterave jaune-rouge, et la betterave rouge. Si l'on excepte cette dernière variété, qui est longue, les autres ne diffèrent guère de forme.

La betterave champêtre prend son développement presqu'entièrement hors de terre. C'est la variété la plus cultivée comme fourrage, parce qu'elle est très-productive. Ses feuilles mêmes, mélangées avec du fourrage sec, peuvent servir de nourriture aux bestiaux. Quant à la racine, lorsqu'elle est hachée et mêlée avec de la paille ou du son, elle sert d'aliment au gros et au menu bétail depuis la fin de septembre jusque vers le mois de juin de l'année suivante. C'est un aliment sain et fort recherché par tous les animaux.

Parmi les racines fourragères c'est peut-être celle qui est la plus propre à engraisser les animaux. Elle a de plus l'avantage d'augmenter, chez les vaches qui en sont nourries, la quantité de lait secrété, et de contribuer plus que tout autre fourrage, si nous exceptons la carotte, à la bonne qualité du lait.

Sa culture est moins coûteuse que celle de la pomme de terre et de la carotte, et pourtant elle produit davantage. Elle réussit dans les sols argileux et sablonneux, et elle se conserve bien pendant l'hiver.

La betterave jaune-rouge et la betterave blanche sont également cultivées en grand comme fourrage. Mais, depuis une cinquantaine d'années, elles sont employées principalement à fabriquer du sucre, dont la qualité saccharine ne le cède pas au sucre de cannes qui nous vient de l'Amérique.

La figure 19 représente une variété de *chou-navet*, connue et cultivée en France sous le nom de *Rutabaga*, et vulgairement sous ceux de *navet de Suède, navet de Bohême*. Sa chair, plus ferme que celle du navet blanc, est d'une saveur agréable. C'est une bonne nourriture pour l'homme et pour le bétail. Ce chou-navet supporte très-bien le froid, ce qui fait qu'au printemps et jusqu'au mois de juin il fournit un bon supplément de nourriture végétale.

Le CHOU COMMUN (fig. 21) est cette espèce de chou dont les feuilles intérieures sont couchées, fort serrées les unes sur les autres, et lui donnent la forme d'un grosse tête un peu aplatie, lorsqu'il est dépouillé de ses feuilles extérieures. Sa culture et fort répandue dans le Bas-Rhin, et forme un objet considérable de commerce. L'usage principal qu'on en fait, c'est de le confire et de le convertir ainsi en choux aigres, vulgairement appelés choucroute. Sous cette forme, ce chou se conserve près d'une année, et fournit un aliment fort sain, quoique un peu lourd. On en expédie tous les ans un grand nombre de petits barils, principalement pour les vaisseaux sur mer, vu que l'usage de cet aliment est un préservatif contre le scorbut, maladie très-fréquente sur mer.

TABLEAU VII.

GRAMINÉES DES PRAIRIES NATURELLES.

Si les céréales forment la base de la nourriture de l'homme, les plantes dites *fourragères* forment celle du gros et du menu bétail que le cultivateur entretient dans sa ferme.

On l'a dit déjà que, pour obtenir de belles récoltes, il faut beaucoup de fumier; pour obtenir beaucoup de fumier, il faut beaucoup de bétail, et pour pouvoir entretenir beaucoup de bétail il faut beaucoup de fourrage.

Le fourrage le plus généralement employé dans une ferme consiste dans une collection de plantes graminées et herbacées qui couvre une prairie *naturelle* ou *permanente*. Cette collection de plantes est désignée vulgairement sous le nom d'*herbe*, tant qu'elle se conserve verte et fraîche, et on l'appelle *foin* et *regain* lorsqu'elle est sèche.

Une prairie naturelle se forme d'elle-même, dans le principe. Elle se compose de nombreuses espèces d'herbes qui se sont produites spontanément. Parmi ces herbes, la famille des graminées est celle qui en fournit le plus; viennent ensuite les herbes légumineuses et autres.

Le tableau VII nous montre treize graminées dont les plus estimées sont :

Figure 1. La FLOUVE ODORANTE. C'est un bon fourrage, recherché par toutes les bêtes *herbivores*.

Lorsqu'il se trouve en une certaine quantité parmi les autres herbes des prairies, il donne au foin une très-bonne odeur.

Fig. 2. L'AVOINE ÉLEVÉE, *fromental* (raygrass français). C'est une des meilleures graminées pour les prairies hautes et moyennes. Elle ne craint pas tant la sécheresse que la trop grande humidité. Lorsqu'elle se trouve sur un terrain argilo-sablonneux, elle donne des produits abondants, et son foin, quoique un peu dur, parce qu'il est sujet à sécher sur pied, est néanmoins de bonne qualité. Il est avantageux de le faucher de bonne heure.

Fig. 3. L'IVRAIE VIVACE, le *ray-grass d'Angleterre*. Elle est fréquemment employée dans les jardins, pour former des tapis de verdure, et sert particulièrement à la formation des prairies temporaires. C'est un bonfourrage lorsqu'il est donné en vert au bétail; il est moins bon, lorsqu'il est réduit en foin. On l'emploie plus dans la petite que dans la grande culture, et paraît mieux convenir aux climats froids.

Fig. 4. L'AVOINE DES PRÉS présente également un bon fourrage sur les prés secs. Il est recherché par tous les herbivores.

Fig. 5. Le VULPIN DES PRÉS. Cette herbe produit aussi un bon fourrage. On peut en faire trois coupes. Il aime les terrains humides.

Fig. 6. La FLÉOLE DES PRÉS *(Tymotigras)*. Cette plante vient de préférence sur les prés humides. Elle donne un fourrage très-abondant et très-bon pour les chevaux. Les moutons sont avides des racines de cette graminée.

Fig. 7. Le DACTYLE PELOTONNÉ produit un fourrage un peu dur et qui ne convient qu'aux chevaux.

Fig. 8. La BRIZE TREMBLANTE ne fournit pas un fourrage abondant, mais elle donne de bon foin, qui est particulièrement recherché par les moutons. Elle se plaît sur les prés secs.

Fig. 9. Le PATURIN COMMUN veut être fauché

avant ou pendant sa floraison pour donner un bon fourrage. Coupé plus tard il devient dur. Il se plaît sur les prés arrosés.

Fig. 10. Le PATURIN DES PRÉS est une des meilleures graminées ; il est très-commun sur les prés et les paturages secs. Il convient également aux chevaux et aux bœufs.

Fig. 11. La FÉTUQUE OVINE est une graminée douce, molle, succulente. Elle est recherchée par toutes les espèces de bétail.

Fig. 12. La FÉTUQUE DES PRÉS est aussi une très-bonne herbe fourragère. Elle aime un terrain substantiel et qu'on peut arroser.

Fig. 13. L'ORGE DES PRÉS. Cette graminée, lorsqu'elle est fauchée de bonne heure, avant la formation des graines, donne un foin fin et de très-bonne qualité.

TABLEAU VIII.

HERBES FOURRAGÈRES.

Le tableau VIII représente les herbages qui composent ordinairement ce qu'on appelle les *prairies temporaires* ou *artificielles* établies sur des terres labourées. Ces prairies ne produisent la première année qu'une petite quantité de fourrages ; on sème généralement plusieurs espèces de ces herbes en mélange avec des céréales.

Presque toutes les herbes représentées par le tableau VIII se trouvent aussi, plus ou moins, parmi les graminées qui forment les prairies *permanentes* ou naturelles. Elles en composent ce qu'on appelle *l'herbe à gazon* qui remplit le vide laissé par les graminées.

Les prairies temporaires sont précieuses pour le cultivateur. Elles lui procurent de bonne heure, au printemps, un excellent fourrage vert pour son bétail, et lui donnent, en outre, plusieurs coupes pendant la bonne saison. De plus, ce qui n'a pu être consommé en vert fournit un fourrage sec d'une grande ressource pendant l'hiver.

Le TRÈFLE ROUGE (fig. 1) est aujourd'hui, dans nos contrées, la plante qu'on emploie le plus pour la formation d'une prairie temporaire. Il peut occuper un champ pendant deux ou trois années, et donner deux ou trois coupes par an. Il fournit un excellent fourrage tant vert que sec, et très-recherché par tous les animaux herbivores.

La semence du trèfle forme une bonne branche de commerce. Pour la récolter, on laisse la seconde venue sur pied jusqu'à ce que cette semence soit parfaitement mûre.

L'emploi du trèfle comme fourrage vert présente un inconvénient; il cause quelquefois au bétail, qui le mange avec avidité, la *météorisation*, c'est-à-dire un gonflement gazeux de la panse ou de tout le canal intestinal. Ce gonflement, si l'on n'y porte promptement remède, cause la mort de l'animal. Pour éviter cet inconvénient, il ne faut jamais donner ce fourrage en grande quantité à la fois, et ne pas le laisser s'échauffer sur tas. Il convient aussi de le mêler avec de la paille d'avoine.

La LUZERNE (fig. 2), dont la culture est aujourd'hui très-répandue, surtout dans les départements de l'Est et du Nord-Est, est la plus productive des plantes herbacées. Elle peut fournir jusqu'à six coupes, depuis le printemps jusqu'à l'automne, et peut durer pendant six à huit années consécutives, dans un terrain meuble et profond. Elle donne un excellent fourrage, tant en vert qu'en foin, et très-recherché de tous les bestiaux herbivores.

Quand ce fourrage est donné en vert, il faut prendre les mêmes précautions qu'avec le trèfle commun, car il occasionne, chez le bétail, les mêmes accidents. Cela arrive surtout lorsqu'il est rentré humide et trop jeune.

Comme la luzerne produit peu la première année, on la sème mélangée avec de l'avoine, de l'orge ou du seigle. Ces plantes protégent la jeune luzerne contre la gelée ou la sécheresse excessive, et s'opposent au développement des herbes qui pourraient l'étouffer.

Le TRÈFLE INCARNAT (fig. 3) ou trèfle des champs ne dure qu'une année, et ne fournit qu'une seule coupe. On le sème d'ordinaire sur le chaume du froment, du seigle ou de l'avoine, pour qu'il fournisse, au printemps, de bonne heure, un fourrage vert pour le bétail.

Le TRÈFLE BLANC ou trèfle *rampant* (fig. 4) forme de bons pâturages temporaires pour les moutons. On en mélange souvent la semence avec celle des graminées pour garnir le fond des prairies ou pour former le gazon. Ses fleurs sont fort recherchées par les abeilles à cause du suc mielleux qu'elles contiennent.

Il y a encore une autre espèce de trèfle, le trèfle *Fraise*, qui se trouve sur les prés un peu humides, principalement après qu'on y a jeté des cendres non lessivées. Il fournit un très-bon fourrage.

Le LOTIER CORNICULÉ (fig. 5) se trouve en assez grande abondance sur les prés naturels, et quoiqu'il soit peu élevé, il donne un fourrage estimé et productif. Il réussit bien sur les terres arides, où il pousse pendant toute l'année, et produit un bon pâturage. On peut l'employer, comme le trèfle blanc, pour garnir les gazons principalement composés de graminées.

L'ESPARÇETTE, le *Sainfoin* (fig. 6) donne un fourrage égal en qualité nutritive à celui de la luzerne ; mais elle ne donne ordinairement qu'une seule coupe dans l'année. Sa durée est à peu près la même que celle de la luzerne, lorsqu'elle se trouve sur un sol qui lui convient. Ce n'est qu'à la troisième année qu'elle commence à produire abondamment. Cette plante aime un terrain élevé et sec ; elle ne craint pas le froid.

La VESCE COMMUNE (fig. 7) est une plante annuelle que l'on cultive tant pour se procurer un fourrage vert supplémentaire, que pour en récolter la graine. Si on la cultive comme fourrage, on la sème au printemps, en mélange avec de l'orge ou de l'avoine ; les moutons surtout en sont avides. On la récolte lorsque les gousses commencent à mûrir ; mais lorsqu'on veut en récolter les graines, on attend que celles-ci soient parfaitement mûres.

La **GESSE DES PRÉS** (fig. 8) fournit un excellent fourrage, tant en vert qu'en foin, et dont tous les animaux herbivores sont très avides. Pour la transformer en foin, il convient d'attendre qu'une partie des gousses se soient déjà formées. Il y a une gesse d'hiver et une gesse de printemps. Si l'on s'aperçoit que les autres récoltes fourragères menacent de manquer, on sème jusqu'en juin la gesse de printemps, et on en transforme le produit en foin.

La **SPERGULE** (fig. 9) est une plante annuelle très-déliée. Elle donne un bon fourrage supplémentaire, très goûté du bétail, particulièrement des vaches, dont il augmente le lait, en augmentant en même temps les parties qui constituent le beurre. Cette plante produit une grande quantité de petites graines noires, dont les chevaux et la volaille sont très-friands. On en obtient aussi une bonne huile à brûler. Pour la faire consommer en vert, on la sème au mois de mai ; et six semaines après la semaille, on peut la couper. Sa culture, encore peu répandue dans nos contrées, réussit principalement dans les terrains secs et sablonneux.

La **PETITE** et la **GRANDE PIMPRENELLE** (fig. 10 et 11) se rencontrent sur les prés non arrosés, sur les champs et sur les pâturages. Le bétail ne dédaigne pas ce fourrage, quoiqu'il soit un peu dur, et les moutons surtout le mangent très-volontiers.

La **MILLE FEUILLE** (fig. 13) croît principalement dans les lieux secs, à côté des chemins et sur les prés arides. C'est un très-bon fourrage pour les moutons. Les fleurs séchées et employées comme tisanne sont très-fortifiantes.

Le PLANTAIN (fig. 12) est un bon fourrage ; sa semence est recherchée par les oiseaux, et sa fleur est sucée par les abeilles.

TABLEAU IX.

PLANTES DE COMMERCE.

On nomme *plantes de commerce* celles qui, par elles-mêmes ou par leur produit, font l'objet d'un commerce plus ou moins étendu, et qui servent souvent de matière première à la fabrication d'autres objets d'industrie.

Parmi les plantes de commerce, les plantes *textiles* méritent d'occuper la première place. Nous parlerons seulement des deux principales : du *chanvre* et du *lin*.

Le CHANVRE (fig. 1re) est la plante dont la tige élevée fournit, au moyen de plusieurs manipulations préalables, une filasse qui est réduite en fil ; et de ce fil on fabrique la toile. Cette toile est ensuite employée dans le ménage ou livrée au commerce, pour en faire des objets indispensables pour l'homme.

La graine du chanvre donne une huile assez estimée, et elle sert, en outre, à nourrir les oiseaux.

Le LIN (fig. 2) est cette autre plante textile, d'un aspect faible et peu élevée. Pour le réduire en filasse on lui fait subir à peu près les mêmes manipulations qu'au chanvre. De sa filasse soyeuse on fabrique une toile fine, qui sert aux mêmes usages que la toile de chanvre, mais qui est plus chère, et ne se rencontre, pour cette raison, que chez l'homme riche.

Depuis que l'usage de la toile de coton s'est introduit dans les ménages, celui des toiles de chanvre et de lin a beaucoup diminué.

La graine de lin donne une huile qu'on emploie dans la peinture à l'huile ; le marc qui reste, après l'extraction de l'huile, est employé à faire des cataplasmes émolients et des décotions émolientes qui servent dans différents cas de maladie.

Le COLZA (fig. 3) est une plante oléifère qui est cultivée en grand dans plusieurs départements de la France. On tire de ses graines une bonne huile pour l'éclairage. Le marc qui résulte, après l'expression de l'huile, sert de nourriture supplémentaire au bétail en mélange avec des racines ou des tubercules.

Il en est à peu près de même du PAVOT (fig. 4), dont les capsules ou têtes contiennent une semence nombreuse, fine et de couleur noire. On exprime de cette semence une huile improprement appelée huile d'œillette, qui remplace dans le ménage l'huile d'olives beaucoup plus chère. Il existe une variété de pavot à semence blanchâtre, dont on tire, dans l'Orient, un suc blanc, qui forme l'*opium*, médicament que les médecins ordonnent comme un puissant calmant contre les douleurs.

On obtient encore une excellente huile de ménage en pressurant l'amande de la noix et de la noisette, fruits bien connus dans toute la France. La *faine*, fruit du hêtre, qu'on ramasse dans les forêts, fournit également une très-bonne huile pour l'alimentation.

NOTE. Le maître fera bien de mettre sous les yeux des élèves les différentes espèces de graines dont nous venons de parler.

Le TABAC (fig. 5) est une plante qui nous est venue de l'Amérique. Elle fait aujourd'hui un objet très-considérable de culture dans un certain nombre de départements de la France. Le Gouvernement a seul le droit de la fabrication et de la vente du tabac ; c'est ce qu'on appelle le monopole.

L'usage démesuré qu'on fait du tabac, fait supposer qu'il procure à celui qui s'en sert une certaine sensation agréable. En effet, le priseur sent une sorte de chatouillement dans le nez ; l'odeur du tabac agace son cerveau et ranime sa mémoire pendant le travail mental. Le fumeur, outre le passe-temps que la pipe lui cause, et l'air grave qu'il croit en tirer, sent une espèce d'ivresse qui donne à ses idées et à ses paroles quelque chose de gai et de tumultueux à la fois.

Cependant l'abus du tabac entraîne à de graves inconvénients, dont il convient de prévenir la jeunesse. D'abord, ce besoin factice que l'homme s'est créé cause une dépense annuelle considérable; puis, lorsqu'on en use immodérément, il fait maigrir, et occasionne aux corps faibles des maladies de poitrine incurables. Il émousse le goût, peut donner des vertiges, etc.

D'un autre côté, les avantages que la fabrication du tabac procure, sont immenses. Elle rapporte au Gouvernement des sommes énormes, fait vivre un grand nombre d'ouvriers et d'employés ; et la culture de cette plante récompense bien les peines du cultivateur qui a la permission de s'en occuper.

La GARANCE (fig. 6) est une plante tinctoriale dont la racine fournit cette belle et vive couleur rouge, dite *rouge de garance*, avec laquelle on teint la laine et le coton. On a même trouvé le moyen de se servir de cette racine pour teindre la soie en rouge.

C'est donc uniquement pour sa racine qu'on cultive la garance. Le terrain léger et sablonneux paraît le mieux convenir à cette culture. Après trois années de séjour dans une terre profondément travaillée et ameublie, on arrache avec la bêche ou la pioche les racines qu'on rassemble sur des toiles; on les lave ensuite à grande eau, puis on les fait sécher dans des fours construits à cet effet, jusqu'à parfaite dessication. Dans cet état, elles se vendent à des commerçants qui les mettent en poudre dans des moulins à tan, et c'est dans cette forme qu'elle est achetée par lesteinturiers.

Le PASTEL (Isatis tinctoria, Guède ou Vouède) (fig. 7). Cette plante fournit une couleur bleue très solide. Elle a été cultivée en grand dans des temps fort anciens, et faisait l'objet d'un grand commerce. Mais aujourd'hui sa culture est presque totalement abandonnée, depuis l'introduction récente de l'*indigo* qui nous vient de l'Amérique. L'indigo fournit une couleur bleue plus belle et moins chère que le pastel. Ce dernier ne pouvant donc plus soutenir la concurrence, ne s'est conservé que dans quelques contrées du midi, où ses feuilles au printemps, servent de nourriture au bétail.

Le GENÊT DES TEINTURIERS (fig. 8) est une espèce de petit genêt qu'on trouve sur des terrains incultes, terrains à bruyère, où les pauvres vont les chercher pour les vendre aux teinturiers qui s'en servent pour teindre la laine en jaune.

La CHICORÉE (fig. 9) est une plante indigène qui vient spontanément aux bords des chemins, dans des lieux secs. On est parvenu, par la culture, à en rendre la racine plus grosse et moins amère, et comme telle elle a été utilisée, comme moyen économique et sanitaire, pour la mélanger avec le café. On se sert aussi, pour cet usage, de la carotte jaune.

Le HOUBLON (fig. 10) est une plante vivace et grimpante, venant très bien en France et dans l'Europe septentrionale, où elle croît spontanément dans les haies et sur la lisière des forêts. Le houblon a été cultivé, de temps immémorial, dans les contrées du nord de l'Allemagne, à cause de ses cônes (fig. *a*) très-utiles dans la fabrication de la bière, qui était la boisson générale et favorite des anciens Germains. On le cultive à peu près comme la vigne à échalas.

Les cônes du houblon, cueillis dans leur bonne maturité et bien conservés, sont l'objet d'un commerce important, surtout de nos jours où l'usage de la bière s'étend toujours davantage, au détriment des produits de la vigne.

La décoction des cônes du houblon, ajoutée à la bière, a pour but principal et pour effet ordinaire de rendre cette boisson susceptible de se conserver longtemps sans se corrompre; elle sert, en outre, à lui donner la saveur amère, franche et agréable, ainsi que l'odeur aromatique qui la rendent salutaire et facile à digérer. Elle possède la propriété d'enivrer par l'action narcotique propre à la cône du houblon. Malheureusement la fabrication de la bière n'est pas exempte de fraude : on remplace souvent le houblon par d'autres substances amères, telles que le buis et l'absinthe, qui, non seulement ôtent à cette boisson l'agrément, mais la rendent encore malsaine.

La figure 11 représente un pied de vigne avec son fruit, le raisin. C'est une plante ligneuse et sarmenteuse qui vient spontanément dans certaines contrées chaudes, mais qui, pour produire de bons fruits, doit recevoir une culture soignée, qui demande une étude et des connaissances pratiques particulières.

Des grains ou baies en nombre plus ou moins grand, disposés en grappes, forment le raisin. Ces grains contiennent, à leur bonne maturité, un suc doux, sucré et acidulé, qui après avoir fermenté, donne cette excellente boisson fortifiante qu'on appelle *vin*.

Pour que la vigne produise un raisin mûr et en état de donner de bon vin, elle doit jouir pendant la plus grande partie de l'année, d'un certain degré de chaleur. Pour cela, elle doit être placée de préférence sur des coteaux à l'exposition du midi, et jamais dans des bas-fonds.

Quoiqu'on ne comprenne pas d'ordinaire la vigne parmi les plantes commerciales, nous avons jugé utile de l'y comprendre, à cause du commerce important auquel la vente de ses produits, le vin et l'eau-de-vie, donne lieu, surtout en France.

Celui qui a beaucoup de champs à cultiver, doit avoir peu de vignes, et celui qui cultive la vigne en grand, doit avoir peu de champs, sous peine de voir en souffrance l'une ou l'autre de ces deux branches de culture.

TABLEAU X.

PLANTES NUISIBLES A L'AGRICULTURE.

Il y a des plantes qui, loin d'être utiles, nuisent au contraire à l'agriculture. On les désigne sous le nom de mauvaises herbes, de plantes parasites, c'est-à-dire, qui se nourrissent au détriment d'autres plantes, salissent ou infectent les champs, ou occupent la place des bonnes plantes. Le nombre en est assez considérable ; nous allons en faire connaître les principales.

La NIELLE BATARDE (figure 1), dont la semence, lorsqu'elle est mêlée au blé, communique à la farine une couleur noirâtre et un arrière-goût amer, toutefois sans effet nuisible pour la santé.

Le BLUET (fig. 2), le COQUELICOT (fig. 3), et la CAMOMILLE (fig. 4), ne font d'autre mal que d'usurper la place des épis de blé. La camomille est, du reste, utilement employée comme médicament.

Le LISERON (fig. 5) cause plus de dommage en ce qu'il entortille les tiges du blé, et nuit par là à leur croissance et empêche les épis de mûrir. C'est un parasite pernicieux partout où il se montre.

Il en est de même des CHARDONS (fig. 6), qu'on a beaucoup de peine à détruire, une fois qu'ils ont envahi les champs.

La CUSCUTE (fig. 7) est une plante parasite très-nuisible, principalement aux prairies temporaires, surtout au trèfle, dont elle usurpe la place, et au lin, dont elle couvre la tige et empêche son développement.

La CRÊTE DE-COQ (fig. 8) et le STAPHISAICRE ou *Pédiculaire* (fig. 9) portent beaucoup de dommage aux prairies naturelles ou permanentes ; la première surtout, car aucune herbe ne peut subsister autour d'elle. La seconde est regardée, en outre, comme nuisible aux moutons.

Il en est à peu près de même de l'herbe à l'EPERVIÈRE (fig. 10) dont la tige haute et dure donne un mauvais fourrage.

Le COLCHIQUE (fig. 11). Toutes les parties de cette plante ont une odeur forte et nauséabonde, et ses feuilles nuisent sensiblement à la qualité du foin ; elles doivent être recueillies et rejetées lors de la fenaison.

La CIGUE AQUATIQUE (fig. 12) se rencontre principalement sur les prés humides. C'est une plante vénéneuse qu'il faut arracher avant qu'elle porte graines.

Le POIREAU SAUVAGE (fig. 13), l'ARISTOLOCHE (fig. 14) et la MORELLE (fig. 15) sont trois plantes qui infectent habituellement le sol de la vigne et l'amaigrissent. Elles ont, en outre, une odeur forte et mauvaise qui répugne aux animaux.

TABLEAU XI.

ANIMAUX UTILES OU DOMESTIQUES.

Nous voici arrivés au moment de faire connaissance avec ce qu'en agriculture on appelle *animaux utiles*, animaux *domestiques*. Avant de parler de chacun de ces animaux en particulier, nous retracerons en quelques mots l'histoire de leur admission dans la domesticité.

Quand, après le déluge, les hommes eurent quitté la vie nomade (errante), et qu'ils eurent fixé leur demeure au milieu des champs, pour se livrer à l'agriculture, ils se construisirent des habitations, dans lesquelles ils réunirent tous les objets utiles à leur existence. Ce qui devait alors attirer principalement leur attention, ce fut de s'attacher certains animaux dont ils pouvaient espérer de tirer quelque avantage, soit sous le rapport de leur produit, soit sous celui de leur travail. A cet effet, ils s'emparèrent d'abord de ceux de ces animaux dont les mœurs leur paraissaient douces, tels que le bœuf, la vache et les moutons. Plus tard, reconnaissant que d'autres animaux encore, vivant dans l'état sauvage, pourraient également leur devenir utiles, ils cherchèrent à les dompter par la ruse et la patience, et à les habituer à la vie domestique, tels que le cheval et l'âne dans nos contrées septentrionales, le mulet et le chameau, dans des contrées plus chaudes, le renne, dans les contrées glaciales. Peu à peu ces animaux perdirent leur caractère sauvage, et l'homme put se les associer dans ses travaux, en leur faisant traîner la charrue, porter des fardeaux, et faire toute espèce de travaux, qu'auparavant il avait été forcé d'exécuter avec ses propres forces.

Ces animaux reçurent le nom d'animaux domestiques, du mot latin *domus*, qui veut dire maison. Ce nom leur a été donné pour les distinguer des autres animaux, qui continuaient de vivre dans l'état sauvage.

Dans les contrées d'un climat tempéré, les animaux domestiques sont, parmi les quadrupèdes : le cheval, l'âne, le mulet, le bœuf, la vache, le mouton, la chèvre, le porc, le chien et le chat.

Le cheval, l'âne et le mulet, à cause de la ressemblance de leur caractère et de leur organisation, forment la classe des *solipèdes*, ainsi nommés, parce que leurs pieds se terminent par un sabot non divisé, tandis que la race bovine (bœufs et vaches), la chèvre et le porc ont le sabot fendu ou bifurqué.

L'espèce bovine, c'est-à-dire, le bœuf et la vache, appelés encore *bêtes à cornes*, forment ce qu'on nomme le *gros bétail*. Le mouton et la brebis, la chèvre et le porc, forment le *menu bétail*. Comme tous ces animaux se nourrissent principalement d'herbes, soit vertes, soit sèches, on leur a aussi donné le nom d'*herbivores*.

Les principaux oiseaux de la basse cour, ou la *volaille*, sont : la poule, l'oie, le canard, le dindon, la dinde et le pigeon.

Le CHEVAL (fig. 1 et 2 du tableau XI) est parmi les animaux domestiques celui qui, à la force, joint le plus d'agilité, de souplesse et d'intelligence. Il est d'un secours immense à l'homme des champs, tant pour le labourage des terres que pour le transport d'objets de toute nature. Il est à regretter qu'il soit si cher, et qu'il perde toute sa valeur en vieillissant, vu qu'il ne laisse, en mourant, que ses dépouilles qui n'ont qu'un prix très-minime.

Le cheval représenté par la figure 2, est ce qu'on nomme cheval de labour, pour le distinguer du cheval de luxe ou de monture. Le premier doit être d'une constitution plus robuste que le dernier.

Le cheval étant sujet à un grand nombre d'infirmités et de maladies, exige beaucoup de soins et de ménagements de la part de celui qui le traite. Il est nécessaire, pour cela, que l'agriculteur étudie le naturel de cette bête, pour la conserver le plus longtemps possible en vigueur et en santé. Quoique le cheval de labour n'exige pas un pansage journalier et aussi complet que le cheval de luxe, il se trouve cependant bien en recevant chaque jour un coup d'étrille. Le pansage doit être opéré complétement une fois par semaine.

L'ANE (fig. 4). Avant de parler du mulet (fig. 3), lequel participe à la fois de la nature du cheval et de celle de l'âne, nous parlerons de ce dernier. Moins beau, moins fort, moins alerte et moins ingénieux que le cheval, l'âne ne laisse pas que d'être d'un bon secours au petit cultivateur, particulièrement dans les contrées montagneuses.

L'âne est en état de porter une charge de 60 à 70 kilogrammes, aussi l'emploie-t-on au transport de mille différents objets. Ce qui rend encore l'âne précieux pour le pauvre, c'est que son éducation est très-facile et son entretien peu coûteux, car il se contente, durant l'été, d'un peu d'herbes, de ronces et de chardons, qu'il broute aux bords des routes. Pendant l'hiver, de la paille,et de temps en temps un peu de son et de foin sont suffisants pour le nourrir et pour entretenir ses forces et sa santé. L'âne peut servir depuis l'âge de trois jusqu'à celui de seize ans. Les seuls défauts qu'on lui reproche, c'est un caractère rétif et une insensibilité apparente à l'aiguillon, défauts qui sont passés en proverbe.

Le **MULET** (fig. 3) tient du cheval par sa taille et par sa force, et il tient de l'âne par ses longues oreilles, sa courte crinière, sa queue à poils ras, et par son pied sec, dur et étroit. Il est plus sobre, plus robuste et plus dur au travail que le cheval et l'âne; mais il est encore plus rétif que ce dernier, et parfois méchant. C'est dans les contrées montagneuses de la France méridionale et en Espagne qu'on élève cette bête de somme. Le mulet marche avec une grande assurance, en enfonçant son pied étroit dans le sol sur lequel il chemine.

Le **BOEUF** (fig. 6) nous donne non-seulement son travail, mais encore sa chair, quand, par un accident quelconque il est mis hors d'état de continuer à travailler. Dans ce cas, on l'engraisse et on le vend à la boucherie. Sa chair est la viande la plus commune et la plus recherchée.

La **VACHE** (fig. 5) partage quelquefois les travaux du bœuf, et elle nous fournit, en outre, pendant près de huit mois de l'année, son lait, que l'on consomme, soit dans son état naturel, soit en beurre et en fromage, objets très-utiles dans les ménages. Dans les grandes exploitations rurales, à proximité des grandes villes, le lait est vendu aux habitants, et dans certaines contrées montagneuses, par exemple en Suisse, il est converti en grands fromages, dits fromages de Suisse, dont il se fait un grand commerce dans toute l'Europe.

La vache nous fournit encore les veaux, que l'on élève ou qu'on vend à la boucherie à l'âge de quinze jours à un mois. Sa chair, quoique moins nourrissante que celle du bœuf et de la vache, est plus délicate, plus facile à digérer, et, pour cela, très-recherchée par les estomacs délicats, et très-utile aux personnes convalescentes.

Le bœuf et la vache sont exposés à moins d'accidents que le cheval ; ils sont aussi moins difficiles sur le choix de leur nourriture. Quant à la propreté, tant sous le rapport des étables que dans celui de leur pansement, elle ne leur est pas indispensable comme au cheval ; toutefois elle leur est très-utile.

Le MOUTON (fig. 7), qui fait partie du menu bétail, n'est pas moins utile, sous le rapport de ses produits, que les grands bestiaux. Sa toison nous donne la laine, et, plus tard, il nous fournit sa chair. On fait aussi d'excellents fromages avec le lait de la brebis. La laine, dont on fabrique les draps pour l'habillement de l'homme et qui sert à beaucoup d'autres usages, est plus ou moins longue, plus ou moins fine, suivant les races et l'influence des climats sous lesquels cet animal habite, et la nourriture qu'il reçoit.

Le mouton n'aime pas l'humidité ni une nourriture aqueuse, il est très-utile de joindre du sel à ses fourrages. Il n'est profitable de l'élever que dans des contrées où il trouve de bons pâturages secs, couverts d'herbes fines et aromatiques. Avec une nourriture aqueuse, et dans les pâturages humides de la plaine, le mouton gagne facilement la maladie qu'on appelle la pourriture ou la *cachexie aqueuse*.

La CHÈVRE (fig. 8) est moins estimée et moins utile que le mouton. Capricieuse et vagabonde, elle se plaît dans les lieux escarpés, et escalade les rochers les plus élevés. Elle se nourrit des feuilles des arbrisseaux, et ne se rencontre guère que dans les contrées montagneuses, où elle remplace la vache dans l'habitation du pauvre, auquel elle fournit son lait. La chair de la chèvre est peu délicate et peu recherchée.

Le PORC (fig. 9) est un animal glouton, vorace, quelquefois féroce. Malgré cela, de tous les animaux, il est peut-être le plus utile à l'humanité, et surtout à l'habitant de la campagne par sa grande propagation et par la quantité de chair et de lard qu'il fournit à la consommation. C'est dans les grandes fermes, où les résidus de cuisine, le lait caillé, etc., sont en abondance, qu'on élève les jeunes cochons pour la vente. La principale nourriture, pour engraisser les porcs, consiste en pommes de terre cuites et mélangées avec de la farine de fèves, ou avec des glands, etc.

Le CHIEN (fig. 10) est l'animal le plus fidèle et le plus attaché à l'homme qui le nourrit, quel qu'il soit, qu'il le caresse ou qu'il le batte. Si quelque accident le force à quitter son maître, il en ressent le plus vif chagrin, et meurt souvent de cette séparation. Il paie l'hospitalité qu'on lui donne par un attachement sans bornes et un dévouement aveugle. C'est malheureux pour sa race d'être exposée à gagner une terrible maladie qu'on appelle la *rage*, et qu'il communique à tout être, homme ou bête, qu'il parvient à mordre, si on n'emploie pas sur-le-champ, certains remèdes pour empêcher le venin de se mêler au sang de celui qui a été mordu.

Il y a beaucoup de races de chiens; celui qui est représenté sur notre tableau est un chien de berger. Cette race est fort intelligente et très-adroite à garder les animaux au pâturage, et à les ramener, lorsqu'ils se dispersent. Le chien, en général, est carnassier de sa nature, quoiqu'il mange de tout, quand il est poussé par la faim.

Le CHAT (fig. 11) est aussi un animal utile à l'homme, en ce qu'il est l'ennemi mortel des rats et des souris, hôtes fort incommodes dans nos maisons, et surtout dans une ferme où ils peuvent causer de grands dommages en dévorant les récoltes.

Il est vrai que les services que nous rend le chat ne sont pas entièrement gratuits ; car, fort gourmand et infidèle, il s'empare volontiers des substances alimentaires que la ménagère oublie souvent d'enfermer. Le chat, en outre, est un animal sournois, peu sociable, et il faut se mettre en garde contre ses griffes, qu'il décoche au moment où on lui fait des caresses.

OISEAUX DE BASSE-COUR OU VOLAILLE.

On entend par oiseaux de basse-cour ou volaille, les différents oiseaux qu'on élève et qu'on nourrit dans la cour du cultivateur ou fermier.

Les poules forment le genre dit *gallinacées*; l'oie et le canard celui des oiseaux aquatiques, parce qu'ils se plaisent à l'eau.

La POULE et le COQ (fig. 12). La poule qu'on élève dans nos contrées est de l'espèce commune; elle a la crête et la barbe rouges, plus ou moins développées. On appelle *poussins* les petits après leur éclosion de l'œuf, et *poulets*, lorsqu'ils sont parvenus à l'âge de pouvoir chercher eux-mêmes leur nourriture.

C'est principalement pour les œufs qu'elle nous donne pendant une grande partie de l'année, ainsi que pour sa chair et ses petits, que le cultivateur élève et entretient la poule.

La poule se nourrit des moindres débris de plantes, ainsi que de graines qu'elle cherche en grattant avec ses pieds dans la poussière et dans le fumier. Le cultivateur vend ordinairement les œufs et les poulets à l'habitant des villes, aux marchands de volailles, etc.

Quant à la *Dinde*, ainsi qu'à la *Pintade*, autres oiseaux de basse-cour, ils sont plus rares. On les élève de la même manière que les poules.

L'OIE DOMESTIQUE (fig) 13) compte aussi parmi les oiseaux de basse-cour. Elle est très-répandue à la campagne, dans les contrées septentrionales surtout. On ne peut guère l'élever en grandes masses, si ce n'est à proximité d'eaux stagnantes ou courantes, et de pâturages qui leur soient spécialement affectés; car les prairies naturelles ne peuvent servir à cet effet, parce que la fiente des oies est tellement chaude, qu'elle brûle l'herbe où elle tombe.

L'oie est vorace; elle se nourrit d'herbes et de graines. Il faut la tenir éloignée des vignes, des champs de blé et des jardins, où elle ferait, en peu d'instants, de grands dégâts.

Le produit de l'oie consiste : 1° dans la ponte de ses œufs qui sont plus gros que ceux de la poule ; 2° dans ses plumes, les plus grosses, qui servent à écrire ; 3° dans ses plumes fines appelées *duvet*, qu'on emploie pour la literie ; 4° dans sa chair et sa graisse très-estimées, et surtout dans son foie, qui fait la base des pâtés si renommés de foie d'oie, qu'on fait principalement à Strasbourg, et qui sont expédiés dans toutes les parties du monde, pour être servis sur la table des riches.

Le CANARD (fig. 14) ressemble beaucoup à l'oie par son organisation et ses habitudes; mais son plumage est plus beau et son corps plus petit que celui de l'oie.

Le canard, très-vorace de sa nature, se jette sur tout ce qu'il trouve sur son passage, graines, herbages, racines, etc. Il aime à barbotter dans les mares, où il trouve des insectes et des vers.

On engraisse le canard de la même manière que l'oie; il fait toutefois peu de graisse, mais sa chair est plus délicate et plus recherchée que celle de l'oie ; ses plumes, au contraire, sont d'une qualité inférieure.

Le PIGEON (fig. 15) ne présente aucun profit au cultivateur ; son seul produit consiste dans sa chair et dans sa fiente assez abondante et d'action chaude. Les pigeonneaux, engraissés à l'âge d'un mois, fournissent une chair tendre et délicate, et offrent un mets agréable.

LES ABEILLES, MOUCHES A MIEL.

La figure 1re représente la mouche à miel proprement dite ; la 2e, l'abeille *bourdon ;* et la 3e, l'abeille *mère*, dont il n'existe qu'une ou deux dans chaque ruche.

L'abeille est, parmi les insectes, le plus intéressant, et, à l'exception du ver à soie, le plus utile. Elle produit cette matière douce, sucrée, appelée *miel*. Elle produit aussi la *cire*, dont elle compose les cellules ou alvéoles dans lesquelles elle dépose le miel, et dont la construction artistique étonne tout le monde (Voir fig. 16).

Le miel provient des sucs doux qui s'exhalent des fleurs et se déposent au fond de leur calice. L'abeille recueille le miel avec sa trompe, et en emplit une petite vessie contenue dans son corps; puis elle va les dégorger dans les cellules qu'elle a bâties, et dont l'ensemble forme ce qu'on appelle un rayon de miel.

La cire provient de la poussière jaune des étamines des fleurs, surtont de celles de la roquette et des pavots simples. Les abeilles ramassent cette poussière et la transportent dans leurs ruches, où elles la pétrissent et en forment les cellules. Cette cire, après en avoir retiré le miel, est lavée, puis fondue et blanchie ; on en fabrique alors des cierges, des bougies, etc.

Pour que les abeilles nous fournissent le miel et la cire, on leur construit ce qu'on appelle un *rucher*. Ce rucher est composé de plusieurs planches, placées les unes au-dessus des autres, sous un abri ou sous un toit. Sur ces planches on pose, l'un à côté de l'autre, des paniers ronds, renversés et faits de tresses de paille cousues ensemble et qui ont dans leur partie inférieure, et sur le devant, une petite ouverture, par où les abeilles entrent et sortent.

Quoiqu'une ruche puisse contenir jusqu'à 3,000 abeilles, il arrive pourtant qu'aux premières chaleurs, au commencement de juin, le nombre en devient si grand, par l'adjonction des jeunes qui naissent à cette époque, qu'elles n'y trouvent plus assez de place pour travailler à l'aise. Alors les vieilles mouches forcent les jeunes à quitter la ruche et à se chercher un autre logement. A cet effet, les jeunes, sous la conduite d'une mère commune appelée la *Reine*, sortent une à une de la ruche, se suspendent l'une à l'autre, de manière à former une espèce de barbe longue au bas de la petite ouverture de la ruche. Lorsque cette jeune génération est ainsi rassemblée (ce qu'on appelle un *essaim*), elle profite du premier jour, ou de la première heure d'un temps calme et chaud, pour prendre son essor. Après avoir voltigé pendant quelque temps en l'air, elle va se suspendre, en forme de barbe, à une branche d'arbre ou d'arbrisseau. L'homme qui surveille l'essaim dans ce moment doit avoir le corps couvert d'une camisole, à laquelle est attaché un masque de fil de fer ou de laiton très-serré, pour garantir la figure, et doit se munir de gants pour garantir les mains, ensuite il va présenter, au-dessous de l'essaim, une ruche vide, dont l'intérieur a été frotté d'un peu de miel, et y fait entrer tout l'essaim, en secouant vivement et à plusieurs reprises la branche à laquelle les abeilles se tenaient suspendues. Enfin il couvre la ruche, la retourne et la place à l'ombre à l'endroit même où il a recueilli l'essaim ; il la laisse dans cette position jusqu'au coucher du soleil, moment où il la place dans le rucher.

Il serait trop long de raconter ici tout ce qu'il y a d'admirable et de particulier dans la vie de ces petites bêtes. Ce serait une histoire instructive où nous apprendrions, par l'exemple de ce petit insecte, l'amour du travail, l'amour du prochain, l'économie, la propreté, l'ordre, la tempérance même ; car toutes ces vertus se trouvent réunies dans une famille d'abeilles.

Pour que l'éducation et l'entretien des mouches à miel produisent quelques bénéfices dans une ferme, il faut une réunion de plusieurs circonstances favorables, savoir : une série d'années chaudes et sèches ; c'est dans ces années que le miel abonde sur les plantes et les fleurs ; ensuite, il faut, de la part de l'éleveur, une connaissance exacte de la nature et des mœurs des abeilles.

Il ne faut pas s'approcher d'un rucher au moment où

les abeilles bourdonnent en nombre près des ruches ou forment essaim ; car cet insecte est pourvu d'un double dard qu'il enfonce dans la chair de celui qui le gêne ou l'irrite, et fait couler en même temps dans la plaie un liquide âcre qui augmente la douleur et l'inflammation causées par le dard qui reste fixé dans la blessure. Le premier remède dans ce cas, c'est de retirer le dard de la plaie et de frotter celle-ci avec de la salive ou de la terre humide qu'on trouve sous la main. Mais le meilleur remède, c'est d'appliquer une compresse trempée dans de l'eau fraîche, dans laqnelle on aura versé quelques gouttes d'esprit de sel ammoniac, ou d'alcali volatil.

LES VERS A SOIE.

Il n'est personne qui n'ait déjà vu de ces belles étoffes de soie, de ces velours de toutes couleurs dont on fait de si beaux objets d'habillements et de si magnifiques ornements. Mais tout le monde ne sait pas que la matière première de ces riches étoffes est fournie par une espèce de chenille, représentée par les figures 19 et 20 du tableau XI. Cet insecte est appelé *Ver à soie*.

Un petit papillon de nuit (fig. 21), dépose ses nombreux œufs, presque imperceptibles sur un morceau d'étoffe ou de papier gris, sur lequel on l'a placé à cette fin. De ces œufs sortent, au bout de quelques jours, de tout petits vers ou chenilles qui grandissent à vue d'œil, et changent leur peau ou robe quatre fois dans un court espace, tout en se nourrissant de feuilles vertes du mûrier blanc. Ensuite ces chenilles filent, au moyen d'une espèce de glu ou de gomme, un petit cocon (fig. 22) de la grosseur d'un œuf de pigeon. Quand la chenille s'est enfermée dans ce cocon, elle se convertit en chrysalide (fig. 23), et après un certain temps, il en sort un petit papillon qui devient de nouveau le créateur d'au moins 400 œufs, et ainsi de suite.

Pour tirer parti de la soie dont sont composés les petits cocons, on soumet ceux-ci à une certaine chaleur du soleil ou du four. Cette opération a pour but de tuer le papillon qui y est renfermé, avant qu'il se soit fait jour au dehors en les trouant ; car cela gâterait la soie, qui ne pourrait plus servir alors que de bourre. Cependant on en laisse trouer un petit nombre, pour avoir de jeunes papillons qui puissent reproduire de nouveaux vers à soie.

Les vers à soie se nourrissent presque exclusivement de feuilles de mûrier blanc. Il n'y a donc pas de chance de profit à les élever que dans les contrées méridionales, où cet arbre peut être cultivé en grand. Il est vrai qu'on a essayé, depuis quelque temps, à faire de cette industrie un objet d'économie rurale dans les contrées du Nord ; mais comme le mûrier blanc ne réussit guère dans ces contrées, on a obtenu peu de succès jusqu'ici.

DES ENGRAIS OU FUMIER D'ÉTABLE.

Nous avons achevé la revue des animaux domestiques ; mais nous n'avons pas encore parlé d'un des principaux services rendus à l'agriculture par le gros et le menu bétail, et même en partie par la volaille.

Nous voulons parler de l'engrais ou du fumier d'étable, tant *solide* que *liquide*, de son importance dans l'agriculture.

Les engrais et principalement le fumier d'étable, sont un objet de très-grande importance, et l'on peut dire, indispensable pour entretenir les terres cultivées dans une fertilité continue. Ils rendent au sol les forces qu'il a perdues par les produits que nous y avons récoltés. Ce fumier est le résultat de la décomposition putride de la litière jetée sous la bête dans l'écurie, et imbibée de son urine et de sa fiente.

Il faut reconnaître en ceci la sagesse de la Providence

divine, qui a voulu que ce qui devait être pour l'homme un objet d'embarras, de répugnance, et un danger pour sa santé, devînt au contraire un puissant et indispensable moyen de fertiliser les terres, et de les entretenir à jamais dans un état de fertilité.

Le fumier du cheval et du mouton est regardé comme échauffant, et ne convenant, par conséquent, qu'aux terrains froids et argileux ; celui de la vache, plus onctueux et rafraîchissant, convient mieux aux terres chaudes et légères. Par un mélange proportionné des deux espèces de fumiers, on obtient un engrais propre à toute sorte de terrain. L'urine du bétail, qui forme l'*engrais liquide*, peut être utilement employé pour stimuler la végétation des plantes graminées et même des plantes racines.

Le COMPOST est un mélange de toutes sortes de débris de plantes et d'animaux, que l'on arrose souvent avec de l'urine d'étable. Cette espèce de fumier convient aux terres qui ne sont ni trop fortes ni trop légères.

Les dépouilles des animaux, qui sont morts par accident, ne sont pas non plus perdues pour le cultivateur, pourvu que l'animal ne soit pas mort d'une maladie contagieuse. Il peut en vendre la peau au tanneur, la graisse au fabricant de chandelles, les os au fabricant de noir animal, les cornes et les ongles des pieds au fabricant de peignes, etc.

TABLEAU XII.

ANIMAUX NUISIBLES A L'AGRICULTURE.

Quadrupèdes.

Parmi les quadrupèdes nuisibles, nous trouvons d'abord le LOUP (fig. 1), qui habite principalement les grandes forêts des plaines, dans presque tous les pays tempérés et froids du globe.

C'est un animal pourvu d'une grande force, d'une adresse et d'une agilité remarquables. Malgré cela, il est de sa nature lâche et lent ; mais lorsqu'il est poussé par la faim (en hiver surtout), il sort de son réduit et attaque les bestiaux, les chiens de garde, et même les hommes. Dans nos contrées, peu boisées, cet animal carnassier et dangereux est devenu fort rare aujourd'hui, par la chasse incessante qu'on lui fait.

Le RENARD (fig. 2), plus petit que le loup, est connu pour sa ruse et son adresse. Il établit son gîte sur la lisière d'un bois, dans le voisinage de quelque ferme. S'il parvient à pénétrer dans une basse-cour, il égorge toute la volaille, et l'emporte pièce par pièce pour la mettre en sûreté. Il est grand amateur d'oiseaux, il attaque les perdrix, les cailles quand elles couvent ; il prend les jeunes lièvres et détruit une grande quantité de gibier. Cet animal aussi est devenu très-rare aujourd'hui dans nos contrées ; car les chasseurs le poursuivent avec ardeur partout où il se montre.

La FOUINE (fig. 3). Pendant l'été, la fouine vit dans les bois ; mais elle se glisse de nuit dans les habitations et les jardins des fermes, où elle vole et mange la volaille, les œufs et les fruits. Pendant l'hiver, elle y établit sa demeure.

Le PUTOIS (fig. 4), plus grand que la fouine, est reconnaissable à l'odeur infecte qu'il répand, ainsi que la *Martre*. Il cause de grands dégâts dans les basses-cours et dans les pigeonniers. On dresse contre ces bêtes des lacets de fil de laiton et d'autres piéges.

La BELETTE (fig. 5) a presque les mêmes habitudes que la fouine. Elle s'introduit la nuit dans les poulaillers et les colombiers, où elle suce les œufs, dont elle est très-friande. Elle se nourrit aussi de jeunes oiseaux et de poussins dont elle suce le sang.

Le HAMSTER (fig. 6) est une espèce de rat, mais d'une plus grande taille, d'un brun clair et noir sous le ventre. Il a la tête grosse, les yeux petits et de grandes oreilles.

C'est un animal très-méchant et nuisible, et très-commun dans certaines contrées du Nord. Il habite dans les champs de blé, où il se creuse une cachette profonde dans le sol, et y accumule jusqu'à 30 kilogrammes de graines céréales et légumineuses : froment, seigle, pois, haricots et lentilles. On les détruit, en découvrant leur silos, au moyen de trappes.

Le RAT (fig. 7) est également un animal très-nuisible, surtout dans une ferme, où il mange le blé, ronge la paille, etc. On détruit cette engeance par le poison, par des trappes et au moyen des chats.

La SOURIS des maisons (fig. 8) a les mêmes qualités que le rat, et on la détruit par les mêmes moyens.

Le CAMPAGNOL, ou souris des champs (fig. 9), cause bien plus de dégâts que celle des maisons, par les trous et les traînées qu'il pratique dans le sol nouvellement ensemencé. Il ruine quelquefois tout l'espoir du cultivateur.

Il vit principalement de grains, qu'il sait mettre à sa portée en rongeant la tige à sa base. Il se nourrit également de racines des prairies, surtout de celles du trèfle. Il se multiplie avec une rapidité effrayante, et devient souvent un véritable fléau pour le cultivateur. Ses ennemis sont : les chats, les chiens, les pies, les cigognes et d'autres oiseaux sauvages, qui en détruisent une quantité énorme.

La TAUPE (fig. 10) est favorablement constituée pour travailler sous la terre où elle se nourrit d'insectes et de vers. Elle n'est autrement nuisible à l'agriculture que parce qu'elle bouleverse les semis et coupe les racines des plantes qu'elle rencontre en creusant ses longues galeries souterraines.

Pour l'empêcher de se multiplier trop, on lui tend des piéges ; on emploie encore quelques autres moyens à cet effet.

OISEAUX NUISIBLES.

Les oiseaux, en général, rendent les plus grands services à l'agriculture, en détruisant d'immenses quantités d'insectes, de chenilles, etc., qui feraient périr, sans cela, les récoltes de toute espèce. Quelques-uns seulement ne sont nuisibles que par la consommation qu'il font de grains et de fruits. En voici les principaux :

Le CORBEAU (fig. 11) est regardé comme nuisible en ce qu'il fouille la terre nouvellement ensemencée, pour y chercher la larve du hanneton et d'autres immondices, ce qui ne serait pas un mal s'il ne déterrait pas en même temps les grains, les pois ou les haricots et même le blé. On accuse aussi de ces méfaits la pie et le geai, qui cependant préfèrent les fruits des vergers.

Le PIGEON (fig. 12) est plus nuisible. Lorsqu'il a sa liberté, il se nourrit aux seuls frais du cultivateur, dont il mange les grains sur pied. Aussi est-il permis à tout chacun de le tuer, lorsqu'il le trouve sur un champ en dehors de la limite de la ferme à laquelle il appartient.

MOLLUSQUES.

Parmi les mollusques nuisibles, il y a surtout deux espèces qui portent dommage à l'agriculture: ce sont les *limaçons* à coquille et les *limaces*. Au nombre des premiers on remarque le grand *escargot* (fig. 13) et l'*élice* (fig. 14). Parmi ceux de la seconde espèce, on distingue la *limace rouge* (fig. 15) et la *limace des champs* de couleur grisâtre. C'est cette dernière qui, par sa propagation énorme, cause, malgré sa petite taille, le plus de dommage aux cultures des champs et des jardins. Presque toutes les jeunes plantes convienneut à sa voracité. Cachée pendant le jour, elle se répand le soir à la surface du sol ; et d'un semis qui, la veille, donnait les plus belles espérances, il ne reste souvent aucune trace le lendemain matin. C'est le soir et le matin qu'on peut les ramasser par centaines, et les écraser.

SCARABÉES.

Les HANNETONS (fig. 16). Il y a des années où ces scarabées bruns sortent de terre par milliers, vers la fin d'avril et au commencement de mai, et se jettent sur les arbres fruitiers et même sur les plantes potagères, qu'ils dépouillent en peu de jours de toutes leurs feuilles et font manquer la récolte des fruits. La femelle pond jusqu'à cent œufs, qu'elle dépose en terre et dont il sort bientôt une espèce de ver blanc armé de dents. Ce ver se creuse une habitation souterraine, dans laquelle il reste souvent cinq à six ans, en rongeant les plantes. Enfin il sort de la terre changé en hanneton.

Le seul moyen de diminuer la trop grande multiplication du hanneton, c'est de bien secouer les arbres et les haies sur lesquelles il se tient. Ils tombent ainsi à terre par centaines ; on les ramasse alors, et on les détruit d'une manière quelconque.

La SAUTERELLE (fig. 20) est un insecte aîlé, qui sautille sur nos prairies, particulièrement pendant les étés chauds et secs. Ces insectes sont très-gourmands et causent par là des dommages considérables à l'herbe de nos prairies. Toutefois, nos contrées sont moins mal partagées, sous ce rapport, que bien d'autres contrées chaudes de l'Afrique et des Indes, où ces insectes s'abattent quelquefois, sur le sol, en quantités telles que l'atmosphère s'en trouve obscurcie comme par un gros nuage, et elles dévorent en peu de temps toute la végétation, au point qu'on dirait que le feu y a passé.

La TAUPE-GRILLON, ou la *Courtillière* (fig. 17) est très-nuisible aux plantes potagères et au houblon, dont elle ronge les racines. La taupe est son ennemie, et la détruit partout où elle la trouve.

Parmi les insectes nuisibles à la vigne et à ses produits, nous remarquons un petit charançon appelé *Bèche* (fig. 18). Cet insecte est aussi beau, par ses couleurs, qu'il est pernicieux à la vigne. Il sort de terre au moment où la vigne commence à pousser. Il dévore d'abord une foule de bourgeons, et plus tard en perce d'autres, avec sa trompe, vers leur base et il en suce la sève. La femelle s'entortille dans les feuilles, et en forme une espèce de cigarre. C'est dans les contours de ces feuilles qu'elle dépose ses œufs.

Le seul moyen de prévenir les dommages que causent ces insectes, c'est de les ramasser, dès leur première apparition, dans des vases à moitié remplis d'eau. Plus tard, quand les cigarres sont formés, on les enlève et on les anéantit par le feu.

La CHENILLE (fig. 22) est un des insectes lès plus nuisibles à l'agriculture. La famille des chenilles est très-nombreuse et il y en a beaucoup de variétés ; les unes ont la peau lisse ; d'autres l'ont garnie de poils, etc. Elles se nourrissent généralement de jeunes feuilles d'arbres et d'autres plantes. Elles sont très-voraces. La chaleur leur est favorable, mais le froid et l'humidité leur nuit. Vers l'automne elles se construisent un nid d'une grande consistance, et impénétrable au froid et à la pluie. On les détruit, en détachant ces nids, au commencement du printemps, par le moyen d'un échenilloir, et en les brûlant.

LES PETITS PÉPINIÉRISTES

PRÉFACE

Ce petit livre a pour but de répandre parmi les enfants le goût de propager les bons arbres fruitiers. Nous savons tous qu'il y a, sous ce rapport, de la négligence, de l'apathie même de la part surtout des habitants de la campagne. Si l'on visite les jardins de tous nos cultivateurs, on y trouve rarement un arbre qui se recommande par la qualité de ses fruits.

Si l'on parcourt les vignes des coteaux les mieux exposés et qui devraient produire les fruits les plus exquis en cerisiers, pêchers, poiriers, pommiers, etc., on ne rencontre que des fruits petits, âcres, sans saveur. Cependant le moyen d'obtenir des fruits de bonne qualité est facile; mais pour cela il ne faut se fier qu'à soi-même. Que chaque cultivateur élève une petite pépinière, qu'il en greffe les sujets les plus vigoureux, qu'il choisisse ses greffes sur les meilleures espèces et sur des arbres sains et productifs, et nous lui garantirons un succès complet.

La culture des arbres de choix peut devenir une spéculation d'autant plus avantageuse que les beaux et bons fruits sont recherchés, et qu'il est facile aujourd'hui de les transporter au loin.

On ne peut attribuer l'inaction de nos cultivateurs, sous ce rapport, qu'au peu de connaissances qu'ils ont de la propagation des arbres fruitiers. Nous avons donc pensé qu'il était utile de mettre entre les mains des enfants de la campagne, dans les écoles, ce petit traité que nous avons rendu aussi succinct que possible. Nous croyons que c'est le seul moyen de les intéresser et de faire faire des progrès à l'arboriculture.

Si ce petit traité est jugé digne du but que nous l'avons destiné à remplir, nous en publierons quelques autres encore sur différents sujets horticoles, qui méritent également notre attention.

LES PETITS PÉPINIÉRISTES

CHAPITRE Ier.

La récréation dans le verger.

Depuis quelques jours, les petits frères Chrétien se promenaient après la classe du soir. Ils suivaient ordinairement le sentier qui, derrière le village, longe le jardin du pépiniériste Pierre. Ils prenaient plaisir à regarder les arbres fruitiers dont les branches chargées de pommes magnifiques pendaient par-dessus les murs. Le vieux Pierre, qui les avait remarqués plusieurs fois, crut d'abord qu'ils avaient l'intention d'abattre les belles reinettes qui se trouvaient suspendues par-dessus l'un des angles du jardin. Mais il se convainquit bientôt par leur conversation qu'ils ne cherchaient qu'à récréer leur vue aux arbres si richement parés de fruits. Pierre en conçut lui-même du plaisir, et invita amicalement les petits garçons à entrer dans le jardin. Ils se rendirent avec joie et empressement à cette invitation de Pierre, qui leur dit en souriant avec bonté : Je vous ai vus passer déjà depuis plusieurs jours et j'ai remarqué que vous aviez du plaisir à voir mes arbres. Maintenant je veux augmenter ce plaisir en vous faisant goûter les fruits que vous admiriez tout à l'heure. Asseyez-vous sur ce banc, je reviendrai à l'instant. Pierre se rendit dans sa maison qui était proche et revint bientôt avec un petit panier plein de différentes espèces de fruits. « Prenez de ces fruits, dit-il, et mangez, pour que vous appreniez aussi à connaître le prix de mes arbres. » Pierre se réjouit beaucoup en voyant avec quelle énergie les petits garçons mettaient à profit son invitation. Quand ils eurent mangé à discrétion, ils remercièrent le jardinier qui chargea en outre leurs poches de ce qui restait dans le panier ; puis il leur dit :

— C'est au bon Dieu qu'il faut adresser vos remercîments de ce qu'il fait croître ces beaux fruits pour notre jouissance et de ce qu'il nous a donné la volonté et le pouvoir d'élever et de soigner les arbres fruitiers. Dieu a créé tant de choses pour l'entretien de la vie de l'homme que nous ne pouvons jamais nous trouver dans le besoin, pourvu que nous suivions sa volonté et que nous mettions à profit les moyens qu'il nous a donnés à cet égard. Mais l'homme estime trop peu ces moyens et ne sait pas en user convenablement. C'est ainsi qu'en mangeant ces poires et ces pommes vous avez, sans vous en douter, commis un péché envers Dieu.

Charles (l'aîné des deux). — Comment serait-il possible ? Nous n'avons rien fait que de manger, d'après votre volonté, les fruits que vous nous avez offerts vous-même avec tant de bonté.

Pierre. — C'est très-vrai ; cependant vous avez, sans le savoir, agi contre la volonté de Dieu, comme je vais vous le prouver à l'instant. Dans chaque pomme que vous avez mangée, se trouvent ordinairement cinq pépins, lesquels étant mis en terre et étant bien soignés germent et deviennent de grands arbres qui portent des fruits à leur tour. C'est par là que Dieu nous a donné le moyen de propager et de multiplier les arbres à fruits. C'est à ce signe de Dieu que nous devons obéir et ne pas laisser périr les pépins, mais les planter et élever ainsi de nouveaux arbres. Car, qui sait faire le bien et ne le fait pas commet un péché.

Vous avez tout à l'heure jeté les pépins ou les avez mangés, et dons chacun de ces pépins vous avez perdu un arbre, et c'est ainsi que vous avez agi contre la volonté divine.

LAURENT (le cadet). — Mais nous ne savions pas que les pépins roproduisent de nouveaux arbres. Veuillez nous dire ce que nous devons en faire à l'avenir.

PIERRE. — J'ai dans ma chambre un vieux verre; c'est dans ce vase que je mets tous les pépins que je trouve. J'ai en outre un petit panier où je mets tous les noyaux de cerises, et j'en ai un autre pour y mettre les noyaux de pêches et d'abricots. Approchez-vous maintenant de ces plates-bandes.

CHARLES. — Ah! quelle foule de beaux petits arbres fruitiers! Sont-ils tous venus de pépins?

PIERRE. — Sans doute! voici comment je fais : Avant l'hiver, je retourne quelques couches de bonne terre et j'y enfouis les pépins et les noyaux que j'ai ramassés; ils y restent pendant l'hiver, et aussitôt que la chaleur du printemps pénètre la terre, ils commencent à germer. C'est de cette manière que j'ai élevé tous ces petits arbres, ainsi que ces grands arbres dont vous avez goûté les fruits.

LES PETITS FRÈRES. — Il ne nous arrivera plus de jeter les pépins; nous les ramasserons avec soin et nous vous prierons de nous montrer comment il faut les planter.

PIERRE. — Bien, mes enfants, je vous montrerai cela volontiers.

CHARLES. — Quand nous sera-t-il permis de revenir vous voir?

PIERRE. — Par le temps sec, je suis occupé tous les jours à cueillir les fruits; vous pourrez donc venir me voir journellement.

Les enfants remercièrent le jardinier, s'en retournèrent chez eux, et se réjouirent d'avance en songeant qu'ils le reverraient le lendemain.

Le lendemain, à trois heures de l'après-midi, les

petits frères entrèrent au jardin, coururent vers Pierre en le saluant poliment, lui montrèrent une boîte remplie de plusieurs centaines de pépins, en lui disant : Nous les avons recueillis chez notre voisin, qui a pressuré des pommes et des poires sauvages pour en faire du vinaigre ; nous voudrions bien savoir si ces pépins peuvent aussi produire des arbres ?

PIERRE. — Chaque pépin, qu'il soit de fruit sauvage ou doux, reproduit un arbre. Conservez donc bien ceux que vous avez ramassés, et tâchez de vous en procurer davantage pour en planter tout un carré de jardin.

CHARLES. — J'en aurai soin. J'ai déjà prévenu tous mes camarades que ce n'est pas bien de jeter les pépins et qu'ils devaient me les remettre pour que j'en puisse élever des arbres.

PIERRE. — Je vous ai fait goûter différentes sortes de fruits ; mais, pour que vous appreniez à connaître davantage le prix d'un arbre fruitier, je veux aujourd'hui vous faire goûter autre chose qui vous plaira mieux encore que ce que vous avez mangé.

Là-dessus Pierre rentre au logis, et peu après il revient avec un panier au bras :

— Voyez ce que j'ai dans cette tasse ; c'est ce qu'on appelle de la marmelade. Cela est composé tout simplement de fruits qui ont été cuits. Je veux vous en faire à chacun une tartine. Vous voyez, mes amis, que mes arbres me fournissent non-seulement des fruits crus et frais, mais encore cette marmelade agréable qui me permet de changer de nourriture. Comment la trouvez-vous ?

LES PETITS FRÈRES. — Délicieuse !

PIERRE. — J'en suis fort aise ; vous serez d'autant plus convaincus de l'importance des arbres fruitiers et de leur utilité, surtout pour l'homme de la campagne dont la vie est rendue bien plus agréable par la variété des jouissances qu'ils lui procurent. Prenez donc dès maintenant la résolution de cultiver les arbres à fruits, afin que, dans l'âge mûr, vous puissiez jouir des bienfaits que vous tirerez des arbres que vous aurez plantés et soignés vous-mêmes. Regardez ce grand reinettier, c'est mon parrain qui me l'a donné pour ma fête, quand je n'avais que dix ans. Alors cet arbre était encore tout petit. Je l'ai planté, je lui ai donné un tuteur, j'ai remué soigneusement la terre autour de lui, et tous les ans je l'ai échenillé. Quand j'eus l'âge de seize ans, il porta pour la première fois dix pommes. A l'âge de vingt ans, j'en cueillis trois paniers, et, pendant quarante ans, il m'a rapporté, année commune, pour trente à quarante francs de fruits. Je plantais constamment de nouveaux arbres, je les greffais, et c'est ainsi que j'ai élevé tous ceux de mon verger, qui me rapportent annuellement une rente de mille à douze cents francs. Je vous dis cela pour vous encourager à suivre mon exemple.

Les petits frères. — Nous le suivrons, si vous voulez bien nous instruire comment nous devons nous y prendre.

Pierre. — Je le ferai avec plaisir; ramassez donc beaucoup de pépins pour que je puisse vous montrer comment il faut les semer et en prendre soin.

Les enfants s'en allèrent pleins de joie, et, après avoir ramassé un grand nombre de pépins, ils revinrent, au bout de quelques jours, visiter le jardinier, qui s'empressa de leur donner l'instruction suivante :

CHAPITRE II.

Semis des pépins à fruits.

On commença par retourner deux petites plates-bandes longues de quatre mètres et larges d'un mètre et demi, puis on les nivela avec le râteau. Ces plates-bandes étaient destinées à recevoir les pépins, et chacun des petits garçons en eut une à soigner.

Puis, Pierre partagea en long chacune de ces plates-bandes en cinq rangées, et marqua les bouts de ces rangées par un petit piquet. Ensuite, d'un piquet à l'autre, il tendit un cordeau le long duquel il tira, au moyen d'une petite pioche, une raie (rigole) de la profondeur de deux centimètres (1 pouce). C'est dans ces raies que Pierre sema les pépins à une distance au plus d'un centimètre l'un de l'autre. Après que les cinq raies furent ensemencées, Pierre les couvrit de terre avec un râteau, de sorte que les pépins furent enfouis à la profondeur de trois centimètres environ.

Les jeunes garçons suivirent toutes ces opérations très attentivement, ce qui fit grand plaisir à Pierre. Pour les récompenser de leur zèle, il leur dit :

— Je donne à chacun de vous une de ces plates-bandes, jusqu'à ce que les arbrisseaux soient assez forts pour être transplantés. Je vous permets donc de venir dans ce jardin quand il vous plaira, et de soigner au printemps prochain les arbres naissants. En attendant, recueillez pendant l'hiver d'autres pépins, que nous sèmerons aussi quand la belle saison arrivera.

Charles. — Est-il donc indifférent de semer les pépins en automne ou au printemps ?

Pierre. — Non, les semis de l'automne valent mieux que ceux du printemps.

Charles. — Comment cela ?

Pierre. — Toutes les semences qui tombent des arbres avant l'hiver, et surtout celles qui ont une enveloppe charnue, telles que les pommes, les poires, les pêches, les cerises, les noix, les amandes, les prunes, les abricots, etc., doivent être mises en terre en automne, tandis que d'autres qui ne tombent qu'en hiver ou au printemps, tels que les acacias, les sapins, etc., ne doivent être semés qu'au printemps. Il faut suivre en cela l'indice de la nature qui nous montre que, quand la semence est mûre, elle tombe de l'arbre et veut être confiée à la terre pour y germer. Si, au contraire, nous conservons jusqu'au printemps ces semences tombées avant l'hiver, nous ne suivrons pas l'ordre de la nature. Les pépins se dessèchent et perdent une partie de leur force germinative.

CHARLES. — Mais vous nous avez dit que nous devions ramasser pendant l'hiver encore d'autres pépins pour les semer au printemps.

PIERRE. — Sans doute; car ce serait dommage de laisser se perdre des pépins qui, pendant l'hiver, se sont conservés aussi frais dans une pomme ou dans une poire que ceux qui ont été semés en automne. Mais, au lieu de les conserver secs, il faut les soigner de la manière suivante : On les met dans un pot d'argile avec un peu de terre ou de sable. Ce pot, avec la précaution de le bien couvrir pour que les souris ne puissent pas s'y introduire, sera mis dans la cave. On y met ainsi tous les pépins qu'on recueillera jusqu'au mois de mars, où on les sème de la même manière que ceux qui ont été semés en automne. Il est vrai qu'ils germent un peu plus tard que ces derniers, et les pousses restent plus faibles la première année.

CHARLES. — Maintenant je vous comprends.

PIERRE. — Eh bien ! à demain ; je vous ferai voir encore bien des choses qui vous feront plaisir.

CHAPITRE III.

Semis des noyaux à fruits.

Pierre réunit, en attendant le retour des jeunes garçons, tous les pots dans lesquels il avait ramassé les noyaux à fruits, et les prépara pour les semer le lendemain ; ensuite il défonça encore quelques petits carrés du verger pour les rendre propres à recevoir cette semence. A peine le lendemain se fut-il mis au travail que les petits frères arrivèrent et se mirent aussitôt en besogne d'achever ce que Pierre avait commencé. Ils mirent tant d'adresse et d'ordre dans leur travail, que le jardinier en conçut un vif plaisir.

Ensuite Pierre prit les pots remplis de noyaux de cerises, de prunes et de pêches, et dit aux jeunes garçons :

— On sème les noyaux de cerises et de prunes également dans de petites rigoles, comme les pépins à fruits, à la distance de deux centimètres l'un de l'autre ; mais les noyaux de pêches, nous les planterons en lignes sans faire de rigoles. Tendez, par conséquent, le cordeau sur la première ligne du carré ; enfoncez, le long du cordeau, les noyaux de pêches, à une profondeur de deux centimètres et à une distance de deux à trois centimètres l'un de l'autre. Quand la première ligne fut terminée, on en fit, de la même manière, quatre autres, puis on passa le râteau sur le tout, et par là le carré se trouva achevé. Ensuite Pierre prit quelques petits morceaux de bois préparés à cet effet ; il y inscrivit l'espèce de semence qu'on avait mise en terre, ainsi que la date de l'ensemencement, puis il en marqua chaque carré. Cette précaution lui servait à connaître quel était le moment le plus propice pour faire des semis.

Charles. — J'ai vu dans votre appartement un panier rempli de noix et de châtaignes ; peut-on les semer aussi ?

Pierre. — Certes, et à la vérité, ce serait en automne qu'on devrait le faire ; mais, comme ces semences sont plus sensibles au froid, et qu'en outre les souris en sont très-friandes et les détruisent plus facilement que les noyaux, il convient de les traiter différemment. Pendant l'hiver, on les met par couche dans des caisses, ayant soin de couvrir chaque couche de sable, et de bien fermer les caisses pour en intercepter l'entrée aux souris. C'est de cette manière qu'on les conserve jusqu'au printemps.

CHAPITRE IV.

De la bouture et de la marcotte.

CHARLES. — J'ai vu là-bas, dans le jardin ou vous plantez vos légumes (potager), de si jolis groseillers, peut-on les produire aussi par semis ?

PIERRE. — On le peut également, mais cela dure trop longtemps ; comme chaque branche de ces arbrisseaux, quand on la plante dans la terre, prend des racines, il vaut mieux les propager par bouture et par marcotte.

LES PETITS FRÈRES. — Comment cela se fait-il ?

PIERRE. — Regardez bien ; ici, au bas de la tige, naissent ordinairement tous les ans des rameaux de quinze à vingt centimètres de longueur ; on les enlève, on coupe le bout supérieur (*fig.* 1 — *a*) à dix centimètres ; puis on les plante en terre de manière que le rameau n'en sorte que de trois à quatre centimètres. Ainsi plantés, ces rameaux prendront racine et pousseront très-bien. C'est ce qu'on appelle multiplier les arbres par *bouture*.

On peut prendre aussi (*fig.* 2) un ou plusieurs rameaux (*a*) tenant encore aux jeunes arbres ou aux plantes ; on les couche, en les assujettissant avec un crochet (*b*), puis on les couvre de terre, en ayant soin de n'en laisser sortir qu'un œil ; dès le premier été, ils prennent racine et peuvent être transplantés. On agit de la même manière pour la plantation des vignes. C'est là ce qu'on appelle *marcotte* pour les arbrisseaux et *provin* pour les vignes.

LES JEUNES FRÈRES. — Nous vous remercions beaucoup de cette bonne leçon.

Pierre. — Ce sont là, mes enfants, des objets qui pourront vous être utiles. Tâchez de retenir ces instructions et d'en profiter. Là-dessus il congédia les jeunes garçons et leur douna rendez-vous pour quelques jours plus tard.

CHAPITRE V.

Il faut retourner la terre sous les arbres fruitiers.

Le jour indiqué pour le rendez-vous étant venu, les jeunes frères revinrent trouver Pierre, qui était occupé, dans ce moment, à retourner la terre sous ses gros arbres fruitiers.

Ces jeunes garçons qui n'avaient jamais vu faire cette opération, demandèrent à Pierre la raison de son travail. Celui-ci leur répondit :

— Sans doute, mes amis, il vous est déjà arrivé, en été, de chercher un abri sous quelque arbre, parce que le feuillage ne permet pas à l'eau de passer facilement. Il arrive de là qu'en été le sol, sous les arbres, est tout sec et que le feuillage le prive de toute humidité. Mais lorsque, vers la fin de l'automne, les feuilles sont tombées, la pluie n'est plus interceptée, l'eau coule en abondance le long du tronc et humecte le sol.

Pour que la pluie puisse mieux pénétrer, je retourne la terre à environ un mètre et demi tout autour de l'arbre. Cependant, cette pluie ne suffisant pas pour procurer assez d'humidité aux nombreuses racines qui se croisent dans tous les sens, je creuse de larges fossés, qui sont plus profonds près de l'arbre qu'à l'autre extrémité, pour mieux conduire l'eau vers le tronc ou la tige. En hiver, ces fossés se remplissent de neige qui, en fondant, humecte les racines et leur procure l'humidité nécessaire pour l'été. Mais, pour que les arbres reçoivent encore plus de nourriture, je mets dans ces fossés, un peu plus tard, du fumier bien passé, dont les parties fertilisantes s'infiltrent avec l'eau dans le sol et jusqu'aux racines.

Il faut encore remarquer une autre circonstance. En retournant la terre, j'enlève en même temps l'herbe et surtout le trèfle, dont les racines enlèvent aux arbres une partie de leur nourriture. C'est la luzerne principalement qui est nuisible dans un verger, parce que ses racines entrent profondément en terre et ravissent ainsi aux arbres les substances nutritives. Vous voyez que l'arbre, ainsi que l'homme, a besoin, pour prospérer, d'une nourriture réglée et de beaucoup de soins.

Les jeunes frères. — Nous vous remercions de cette bonne leçon, et nous tâcherons d'en profiter.

CHAPITRE VI.

Conservation des fruits pendant l'hiver.

L'hiver s'était approché. Pierre, dont la santé était chancelante, fut obligé de garder la maison, et les jeunes frères, pour lui prouver leur reconnaissance, lui firent de fréquentes visites, que Pierre savait toujours rendre agréables par quelque nouvelle instruction. Il les conduisit un jour dans sa fruiterie où les petits garçons furent étonnés de voir les plus belles pommes et les poires les plus magnifiques placées sur des planches rangées les unes au-dessus des autres.

Pierre leur expliqua comment il fallait cueillir les fruits en automne pour ne pas les endommager, car les fruits blessés ne se conservent pas. On les place ensuite, par espèces, sur des planches, avec la précaution de ne pas trop les serrer les uns contre les autres; on les visite une fois par semaine, et on enlève ceux qui sont tachés, qui pourront servir dans le ménage. Enfin il faut avoir soin de bien abriter la fruiterie contre les froids qui pourraient survenir en hiver.

— Nous attendrons maintenant l'approche du printemps, où vous apprendrez encore bien des choses utiles pour la plantation des arbres et les soins qu'il convient de leur donner.

CHAPITRE VII.

Nettoyage des arbres fruitiers et destruction des insectes nuisibles.

A l'approche du printemps, les jeunes frères Chrétien visitèrent de nouveau le jardinier, qu'ils trouvèrent déjà occupé à nettoyer ses arbres. Vous venez très à propos, leur dit Pierre ; voyez ces deux instrúments, l'un c'est un râcloir, l'autre une petite scie. Avec le premier, j'enlève l'écorce rude et la mousse qui se trouvent après les arbres; avec l'autre, j'en scie les branches mortes.

CHARLES. — Pourquoi donc enlevez-vous l'écorce?

PIERRE. — En voici la raison : Sous l'écorce rude, que l'arbre rejette peu à peu, il se tient une multitude d'insectes nuisibles qui, à l'approche de la chaleur, sortent de leurs retraites et rongent les fleurs et les boutons. Il est donc utile d'enlever ces écorces et de détruire par là les retraites des insectes. La mousse également n'est qu'une plante parasite qui prend sa nourriture sur l'écorce de l'arbre et affaiblit par là sa croissance. On peut, sous ce rapport, comparer l'arbre à l'homme, qui a besoin de se laver et de nettoyer son corps, s'il ne veut pas qu'il soit rongé par la vermine. Quand aux branches mortes, il faut les couper soigneusement, car elles servent aussi d'abri aux insectes; mais il faut les couper très-près de la partie saine où elles tiennent, pour que l'écorce vivace puisse couvrir la cicatrice de bois sain et la préserver de la pourriture qui, peu à peu, causerait la mort de l'arbre.

Quant aux nids de chenilles, il faut faire tous les efforts pour les détruire de bonne heure; car, si la chaleur arrive, elle fait éclore des centaines de ces insectes qui rongent les fleurs et les feuilles et détruisent les arbres d'une manière horrible. Lorsque les chenilles sont sorties de leurs nids, on ne les trouve plus facilement dans les arbres, et il faut souvent payer bien cher la négligence de ne les avoir pas détruites dans les nids, car il en coûte ordinairement le sacrifice de toute une récolte et souvent même la perte d'un arbre. Mais il ne suffit pas d'enlever les nids si on ne les brûle pas sur le champ; car, si on les laisse sur la terre, les chenilles n'en sortent pas moins et vont sur les arbres qui se trouvent près d'elles.

Il faut remarquer qu'il y a deux sortes de nids de chenilles :

1° Ceux qui se tiennent en forme de toiles d'araignées à la pointe des rameaux, et que l'on reconnaît de loin à leur couleur grisâtre;

2° Ceux dont les œufs se trouvent en cercles autour des jeunes rameaux (*voir la fig.* 3), et qui sont plus difficiles à trouver.

Il faut donc bien examiner les rameaux et couper ceux qui sont entourés de cercles (*a*) semblables, car ce sont là les œufs de la chenille la plus dangereuse, qui détruit les bourgeons, les fleurs et les feuilles des arbres fruitiers.

Le printemps nous promet beaucoup de hannetons : ce sont d'autres ennemis qui rongent les arbres. Chaque matin, il faut les secouer, ramasser les hannetons et les tuer ou les donner à manger aux poules qui en sont friandes.

CHAPITRE VIII.

Germination des plants et soins à donner à leur culture.

Le printemps s'avançait peu à peu, et les jeunes frères consacraient tout le temps que leur laissaient les études de l'école à visiter Pierre et à lui rendre quelques petits services dans la culture de ses arbres. Dans une de ces visites, Charles remarqua sur la pièce qu'il avait ensemencée plusieurs jets qui étaient sortis de terre et laissaient déjà entrevoir des traces de feuilles. Il courut vers Pierre pour lui porter cette joyeuse nouvelle. Celui-ci rit d'abord de la joie de Charles, puis il le conduisit dans le jardin potager où ils trouvèrent toutes les semences levées.

Pierre dit à Charles avec aménité :

— Il faut remercier le bon Dieu d'avoir si bien récompensé ta peine par la germination des pépins et des noyaux que tu avais semés. Si tu cultives avec soin ces jeunes plants, ils croîtront en même temps que toi et te produiront des fruits en abondance. Tu vois maintenant que l'homme, en suivant la volonté de la nature, peut être utile au monde.

Au bout de quinze jours, toute la plate-bande était couverte de jeunes plants qui portaient déjà deux ou trois feuilles, et, comme la terre était un peu sèche, Pierre prit une petite pioche et montra à Charles comment il fallait remuer la terre entre les rangées des plants et enlever les mauvaises herbes.

CHAPITRE IX.

Plantation d'une pépinière.

A mesure que l'automne approchait et que les jeunes plants perdaient les feuilles, Pierre dit un jour aux petits frères :

— Vous voyez que ces jeunes arbres ne peuvent pas rester tous ensemble, ils se gêneraient mutuellement dans leur croissance; il est donc nécessaire d'en enlever les plus forts et de les planter ailleurs.

Dans ce but, je vous ai préparé le carré de jardin que voilà, pour que vous puissiez y planter les jeunes arbres et former une pépinière. Nous les y laisserons jusqu'à ce qu'ils soient assez forts pour être transplantés dans les champs ou dans le jardin.

CHARLES. — Mais comment ferons-nous ?

PIERRE. — Je vais vous le montrer.

Là-dessus Pierre prit une bêche, l'enfonça profondément entre deux rangées d'arbres, souleva un peu les jeunes plants et sortit facilement les plus forts, tandis que les plus faibles y restèrent pour être transplantés plus tard. Ensuite il sépara les poiriers des pommiers et compta le nombre de chaque espèce. Il se trouva qu'il avait sorti cent vingt poiriers et cent quatre-vingts pommiers du seul petit carré qu'il avait confié à Charles.

— Maintenant il faut tailler les racines et les tiges de ces plants avant de les remettre en terre.

LAURENT. — Mais pourquoi faut-il donc en couper les racines ? Vous nous avez dit pourtant que ce sont les racines qui procurent la nourriture à l'arbre.

PIERRE. — Cela est bien vrai, et l'arbre périrait s'il

n'avait pas de racines ; mais j'entends par tailler les racines qu'on enlève seulement celles qui ont été endommagées quand on a sorti de terre le jeune arbre, pour que la pourriture ne se mette pas dans les fibres déchirées et pour que de nouvelles fibres puissent sortir de l'écorce, à l'endroit où on a fait la taille. Puis, la plupart des jeunes plants, surtout les poiriers, ont de longues racines pivotantes et peu de racines traçantes. Les premières, si on ne les coupait, s'allongeraient et s'enfonceraient de plus en plus en terre, de manière que l'arbre, lorsqu'il est devenu assez fort pour être transplanté dans les champs, n'aurait que ces longues racines et serait privé de racines traçantes ou de côté, ce qui serait cause qu'il ne pourrait prospérer. Voilà donc le motif pour lequel on coupe, dès le principe, la racine pivotante (*fig.* 4 — *a*) ; à l'endroit de la coupure, il se forme ensuite de nouvelles racines (*fig.* 5) qui s'étendent dans toutes les directions.

Quand la racine est coupée, on coupe également la tête du jeune plant, à environ trente centimètres.

Les petits frères. — Mais, pour l'amour de Dieu, pourquoi donc couper la tête de ce beau jeune arbre ?

Pierre. — Laurent a dit tout à l'heure que ce sont les racines qui procurent la nourriture à l'arbre. Faites maintenant attention à ce que je vais vous dire : Ce petit arbre vient de perdre une partie de ses racines, et avant que d'autres racines se soient formées, il n'est guère capable de se nourrir par celles qui lui sont restées ; l'on en coupe donc la partie supérieure (*b*) pour mettre l'équilibre entre les racines et le plant qu'elles doivent nourrir. Le petit arbre croîtra maintenant, poussera de nouvelles racines et récupèrera bientôt la partie coupée.

Maintenant que tous les trois cents petits arbres sont taillés, nous allons nous dépêcher de les planter ; car, si les racines sont trop longtemps exposées à l'air, elles souffrent, et souvent elles périssent. On les plante en lignes droites, séparées entre elles de soixante centimètres. Nous avons en tout trois cents plants ; si nous en plantons trente dans chaque ligne, nous aurons tout juste dix lignes. Les plants doivent être séparés l'un de l'autre de trente centimètres. Tendons le cordeau. Le long de ce cordeau, nous creuserons une rigole de la profondeur de quinze centimètres et d'une égale largeur, dans laquelle nous planterons les petits arbres, en observant une distance de trente centimètres entre eux. Il faut en outre observer, en plantant, que les racines ne se croisent pas, mais qu'elles s'étendent dans diverses directions ; qu'elles soient couvertes de terre meuble et non de grosses mottes. Cela étant fait, on comble les rigoles, on tasse un peu la terre contre chaque plant, et on donne à l'arbre une pose droite et verticale.

Charles. — Faut-il toujours transplanter les arbres en automne.

Pierre. — L'automne est la saison la plus convenable pour transplanter les arbres fruitiers, parce que, en hiver, l'eau des pluies et de la fonte des neiges entre dans le sol et serre la terre contre les racines, de manière qu'au printemps, les jeunes arbres poussent de bonne heure et prennent une belle croissance; tandis qu'en transplantant les arbres au printemps, la terre reste plus poreuse et est trop desséchée par l'air, ce qui nécessite des arrosements fréquents.

Ensuite Pierre et les petits frères se mirent à l'œuvre pour planter les trois cents jeunes arbres ; ce qui, dans quelques heures, était terminé.

CHAPITRE X.

Différentes manières de greffer les arbres.

Pierre. — Mes chers enfants, vous avez élevé avec soin les beaux petits arbres de la pépinière ; mais savez-vous aussi quelles espèces de fruits ils vous porteront?

Les jeunes frères. — Non, nous ne le savons pas; mais nous pensons qu'ils seront de la même espèce que ceux dont nous avons semé les pépins.

Pierre. — Cela n'arrivera pas ; toutes les espèces de fruits ont leur père, comme on dit, dont ils sont les rejetons. C'est ainsi que le poirier sauvage est le père de toutes les espèces de poires, et le pommier sauvage de même pour toutes les espèces de pommes, etc. Plus tard, en cultivant ces arbres dans une terre meilleure, en les transportant dans d'autres pays, en leur donnant des soins particuliers, leurs fruits ont été améliorés, de sorte que nous avons aujourd'hui les poires et les pommes les plus succulentes, et qui n'ont plus de ressemblance avec leur père. Si on sème de nouveau les pépins de ces fruits, ils ne nous donneront plus de fruits fins qui leur ressemblent ; au contraire, ils retournent à la nature du père qui leur servait d'origine.

Charles. — Vous nous avez pourtant dit que vous avez élevé tous vos arbres au moyen de pépins, et cependant ils produisent tous de bons fruits.

Pierre. — Cela est vrai ; mais je les ai améliorés en substituant de bons fruits aux mauvais.

Charles. — Mais je ne comprends pas comment on peut faire cela.

Pierre. — C'est précisément ce que je veux vous faire comprendre, et je saisis pour cela le moment où cette opération doit s'exécuter.

Ecoutez bien, mes amis. — Si l'on coupe, par exemple, sur un pommier d'une espèce améliorée un rameau d'un an et qu'on le mette sur une branche taillée pour cela ou sur la tige d'un autre pommier, de manière que les écorces et surtout le liber (1) des deux parties se lient parfaitement entre eux, alors la sève de l'arbre monte dans le rameau qu'on y a mis. Ce rameau commencera bientôt à pousser des feuilles, et s'incorporera

(1) Voir plus loin à la greffe en fente.

si bien avec la tige (qu'on nomme *sujet*) où on l'a placée, qu'au bout de quelques années on n'y voit plus de trace d'une plaie. Il continuera à pousser et à croître et portera la même espèce de fruits que le pied-mère sur lequel il a été coupé.

Il y a différentes manières de planter un rameau sur une branche ou une tige, et ces opérations s'appellent *greffer*.

On appelle *greffe* le rameau vivant que l'on coupe sur un arbre ou sur un végétal quelconque, auquel on donne, dans ce cas, le nom de *pied-mère;* et l'arbre ou la branche sur laquelle on met la greffe s'appelle *sujet*.

Nous avons dit qu'il y a différentes manières de greffer un arbre; les principales sont :

1° La greffe en fente;
2° La greffe en couronne;
3° La greffe par approche;
4° La greffe en écusson.

Les trois premières ne se font bien qu'au printemps, lorsque les arbres commencent à pousser; on coupe pour cela les greffes déjà au mois de février, et on les conserve dans une terre humide.

La greffe en écusson se fait lorsque la sève agit dans les arbres et que l'écorce se laisse enlever; ce qui arrive au printemps, au mois de mai, avant la pousse des feuilles, et, au mois de juillet, quand la seconde sève commence à agir dans les arbres.

La greffe en écusson, opérée au printemps, s'appelle à *œil poussant*, et celle qui se fait en automne est dite à *œil dormant*, parce qu'au printemps les bourgeons de la greffe poussent tout de suite, tandis qu'étant mis en automne, quand la sève commence à s'arrêter, ils dorment pendant l'hiver et ne poussent qu'au printemps suivant.

La meilleure manière de greffer les jeunes arbres dans une pépinière comme la vôtre, c'est la greffe en écusson à œil dormant; en voici les raisons :

1° Selon la température qu'il fait, on a quatre à cinq semaines devant soi pour exécuter cette greffe : ce qui permet souvent de la renouveler, si la première ne réussit pas ; tandis qu'au printemps on n'a que quelques jours pour cette opération, vu que les travaux s'accumulent dans cette saison, c'est-à-dire qu'on a beaucoup d'autres choses importantes à faire ;

2° Cette manière de greffer ne s'exécute bien que sur les jeunes arbres, dont l'écorce est tendre et mince, tandis que les vieux arbres ont l'écorce dure et épaisse. Sur ces derniers, on emploie les autres manières de greffer, principalement la greffe en fente et la greffe en couronne.

LES PETITS GARÇONS. — Vous nous ferez voir ces différentes manières de greffer, n'est-ce pas? Nous vous en serons bien reconnaissants.

PIERRE. — Sans doute, mes amis, car le point le plus important, pour un pépiniériste, c'est de faire produire aux arbres les plus beaux et les meilleurs fruits. Mais, avant de greffer, je vous indiquerai les meilleures espèces de fruits qu'il convient de propager. Revenez donc demain après la classe du soir, je vous ferai connaître alors les espèces qu'il faudra greffer.

CHAPITRE XI.

Choix à faire dans les espèces de fruits à greffer.

Le lendemain, à l'heure indiquée, les petits garçons revinrent chez Pierre, qui avait déjà sorti de sa fruiterie différentes espèces de poires et de pommes d'une beauté admirable.

— Voici, leur dit-il, de beaux fruits. — Oh! certes, il n'y en a pas d'aussi beaux dans les jardins ni dans les champs de notre village.

Pierre. — D'où cela vient-il? C'est parce que les cultivateurs de la campagne n'ont pas les connaissances nécessaires pour les produire, et qu'ils sont trop insouciants pour se faire instruire dans l'art de greffer, qui est cependant bien facile, comme vous le verrez tout à l'heure.

Je vais maintenant vous faire connaître les noms de ces divers fruits, ainsi que ceux de plusieurs autres espèces que je n'ai pas pu conserver jusqu'à ce moment. Je vous indiquerai en même temps l'époque où chaque espèce parvient à sa maturité.

POIRIERS

dont les fruits se mangent avant l'hiver.

	Époque de leur maturité.
Beurré gris,	octobre.
Doyenné gris,	novembre.
Crassane,	novembre et déc.
Bergamotte d'automne,	Id.
Beurré d'Angleterre,	septembre et oct.
Bezy de Montigny,	novembre.
Colmar d'Aremberg,	Id.
Cuisse Madame,	août.
Citron des Carmes, ou Madeleine,	juillet.
Ambrette d'été,	septembre.
Bergamotte d'Angleterre,	octobre.
Bon Chrétien d'été,	Id.
Rousselet de Reims,	août.
Poire truite,	octobre.

POIRIERS.

dont les fruits se mangent pendant l'hiver.

Beurré d'Aremberg,	hiver.
Virgouleuse,	déc. et janvier.
Bon Chrétien d'hiver,	janvier à mai.
Saint-Germain,	déc. et janvier.
Saint-Germain panachée,	Id.
Rousselet,	février et mars.

Martin sec,	nov. et janvier.
Passe-Colmar,	hiver.
Doyenné d'hiver, ou Bergamotte de Pentecôte,	Id.
Beurré de Flandre,	Id.
Bezy de Chaumontel,	novembre et fév.
Beurré gris d'hiver,	Id.
Cheminette,	déc. et janvier.
Soldat-Laboureur,	nov. et janvier.

POMMES D'HIVER.

Il est à remarquer que presque toutes les espèces de pommes se conservent et se mangent en hiver. En voici les plus belles et les meilleures :

	Bonnes à manger.
Calville blanc,	décembre à avril.
Calville rouge d'hiver,	novemb. à mars.
Api,	décembre à avril.
Marguerite,	août.
Reinette franche,	un an à l'autre.
— blanche,	décembre à avril.
— grise,	janvier à juin.
— dorée,	décembre à avril.
— d'Angleterre,	décembre à mars.
— du Canada,	novemb. à mars.
— à côtes,	février et juin.
— truite,	mai.
Rambourg d'hiver (pour cuire)	hiver.
Courtpendu (pour cuire)	Id.

Parmi les espèces d'arbres dont les fruits viennent de noyaux, nous remarquons les pêchers, les abricotiers, les pruniers et les cerisiers. En voici les meilleures ; mais on ne les cultive généralement que dans les jardins et en espaliers.

PÊCHERS.

Belle de Beaucaire,	septembre.
Bourdine de Narbonne,	Id.
Chevreuse,	Id.

Pourprée hâtive,	août.
Pêches de vigne,	septembre.
Madeleine blanche,	août.
Grosse mignonne.	Id.
Triomphe de Saint-Laurent,	Id.

ABRICOTIERS.

Abricot hâtif,	juin et juillet.
Abricot commun,	fin juillet.
Abricot pêche,	fin août.
— royal,	Id.
— blanc,	fin juillet.
— de Provence,	Id.
— romain,	août et septemb.

PRUNIERS.

Reine-Claude verte,	août et septemb.
— violette,	Id.
Mirabelle,	août.
Prune impériale,	Id.
Perdrigon,	Id.
Damas,	Id.
Quetche (prune d'Alsace),	septembre et oct.

Pour ce qui concerne les cerisiers, ils n'ont pas, pour le cultivateur, le même intérêt que les espèces d'arbres fruitiers dont nous venons de parler, excepté dans les contrées où l'on fait cette bonne eau-de-vie que l'on appelle *kirschwasser*, c'est-à-dire eau-de-cerises. Le meilleur kirsch se fabrique d'une petite cerise dont l'arbre qui la produit se trouve généralement dans les forêts.

On remarque cependant les espèces de cerises suivantes :

CERISIERS.

Montmorency,	mûrit en juillet.
Grosse précoce,	— fin de juin.
Royale,	Id.

La belle cerise royale hâtive est la meilleure de toutes pour l'espalier ; elle donne non-seulement des produits très-abondants, mais elle offre encore l'avantage de laisser mûrir ses fruits successivement.

CHAPITRE XII.

Greffe en écusson.

PIERRE. — Maintenant que vous connaissez les principales et les meilleures espèces de fruits, nous allons nous mettre à l'ouvrage et en greffer quelques-unes, car je ne possède pas toutes les espèces que je viens de vous indiquer. Il faut encore remarquer qu'il n'est pas indifférent de poser une greffe sur toute espèce de sujets, on ne greffe ordinairement que :

Poiriers sur poiriers ;
Pommiers sur pommiers ;
Cerisiers sur cerisiers ;
Pruniers sur pruniers ;
Abricotiers sur abricotiers ou sur pruniers :
Pêchers sur pêchers ou sur pruniers.

J'ai préparé tout ce qu'il nous faut pour notre opération : des couteaux bien tranchants, pour faire les incisions avec exactitude ; des liens, pour réunir et tenir ferme les parties coupées ; enfin, les greffes, dont j'ai placé chaque espèce dans des pots séparés pour ne pas les confondre.

CHARLES. — Pourquoi les feuilles sont-elles coupées par le milieu ? (*Voir la fig. 6.*)

PIERRE. — Quand on coupe les rameaux dont on veut se servir, on doit couper en même temps les feuilles par le milieu, ce qui empêche les rameaux de se dessécher. Il faut encore observer de choisir des rameaux de l'année même, qui soient vigoureux, et de la grosseur environ d'un tuyau de plume, et prendre la précaution de les désigner par leurs noms aussitôt qu'ils sont coupés.

La première rangée de vos arbres est composée de poiriers; voici des rameaux que j'ai coupés sur un arbre qui produit des crassanes : je vais les employer les premiers. Regardez bien comme je coupe l'œil du rameau, comme je l'enlève avec l'écorce et sépare l'écusson du bois (*voir fig.* 8). La forme de *bouclier* que l'on donne ordinairement à la partie que l'on enlève, a donné le nom d'*écusson* à cette greffe. En séparant l'écusson du rameau, il faut avoir bien soin de ne pas enlever en même temps le cœur (*voir fig.* 7 — *a*) de l'œil (*voir fig.* 8 — *b*) ; c'est ce que l'on voit lorsqu'il se forme un creux dans l'œil. Dans ce cas, l'écusson est perdu, et il faut le jeter et en prendre un autre qui soit en bon état. Puis, dans une place lisse du *sujet* (*voir fig.* 9), on coupe l'écorce en forme d'un T. L'incision pénètre jusque sur le bois du *sujet*, sans toutefois l'endommager. Ensuite on soulève l'écorce à droite et à gauche (*fig.* 9 — *c*), et on y introduit l'écusson, de manière qu'il tienne bien et que la partie supérieure de son écorce soit bien parallèle à l'incision transversale qu'on a faite dans le *sujet*.

Lorsque l'œil tient bien au *sujet*, on serre l'écorce sur la greffe avec des ligatures de laine ou simplement du roseau.

Les jeunes frères. — Nous avons très-bien compris ; maintenant nous allons essayer de mettre en pratique la leçon que vous venez de nous donner.

Pierre. — J'ai encore à y ajouter quelques observations :

1° Il faut éviter de salir le côté intérieur de l'écusson. Pour cela, il convient de ne pas le tenir avec les mains, mais dans la bouche par la queue de la feuille, jusqu'à ce qu'on ait fait les incisions au *sujet* ;

2° De ne pas le laisser trop longtemps exposé à l'air, ce qui le dessécherait ;

3° De ne pas faire les incisions plus grandes qu'il ne faut pour recevoir l'écusson;

4° Si l'arbre est jeune, comme les vôtres, il faut mettre l'écusson à quinze ou vingt centimètres au-dessus de la terre; ou, si la tige est élevée et trop forte dans le bas pour être greffée, il convient de mettre l'écusson dans la couronne, c'est-à-dire dans l'endroit où commencent les branches. Il n'est pas bon de greffer au milieu de la tige, parce que l'arbre prendrait une mauvaise forme. C'est ce qu'il est utile d'observer dans toutes les manières de greffer;

5° Il est préférable de greffer quand l'écorce est jeune: cela est surtout nécessaire pour les fruits à noyaux.

Maintenant, mes amis, exercez-vous, et quand vous saurez bien faire la greffe en écusson, je vous ferai connaître les autres manières de greffer.

CHAPITRE XIII.

Greffe en fente.

Au bout de quelques jours, les jeunes frères vinrent visiter les petits arbres qu'ils avaient greffés et demander à Pierre ce qu'il pensait de leurs opérations. En même temps, ils allèrent le prier de leur apprendre encore une autre manière de greffer.

Pierre. — Mes amis, j'ai examiné votre travail et je vous en fais mon compliment; vous avez parfaitement saisi la leçon que je vous ai faite à cet égard. J'espère que vos arbres prospéreront et vous porteront de beaux et bons fruits.

Charles. — Vous nous avez promis de nous apprendre encore d'autres manières de greffer, et vous êtes si bon que nous n'avons pas craint de vous importuner en venant vous prier de tenir votre promesse.

PIERRE. — Vous avez bien pensé de moi, mes amis; jamais je ne me lasse d'instruire des enfants sages et dociles comme vous. Faites donc de nouveau attention à mes paroles.

Outre la greffe en écusson, il y a encore un grand nombre d'autres manières de greffer les arbres. Il y a la greffe en fente, la greffe en couronne, la greffe par approche, la greffe à l'anglaise, la greffe en chalumeau, la greffe herbacée, etc., etc. Mais, comme presque toutes ces manières dérivent plus ou moins de la greffe en fente, je ne vous parlerai que de cette dernière; plus tard, avec un peu d'expérience, vous apprendrez assez par vous-mêmes, les autres manières que je viens de vous nommer.

Quoique ce ne soit pas la saison pour exécuter la greffe en fente, qui n'a lieu généralement qu'au printemps, lorsque la sève monte dans l'arbre, cependant je vais vous faire connaître aujourd'hui comment on opère pour cette greffe; je verrai ensuite, au printemps prochain, si vous avez bien retenu ma leçon. Ecoutez bien maintenant.

La greffe en fente ne se pratique que sur des arbres devenus trop gros pour être greffés en écusson. Si l'arbre est encore jeune et qu'il n'ait pas plus de quatre à cinq centimètres, on le coupe à quinze centimètres au-dessus de la terre, et on rend la surface (*fig.* 10-*a*) où il a été coupé bien unie; puis, on fait avec le greffoir (*fig.* 11) une fente (*fig.* 10 — *b*) au milieu du tronc, à travers la moelle. A défaut d'un greffoir, on peut se servir aussi d'un simple couteau bien tranchant. Ensuite, avec la pointe du greffoir (*a*) ou du couteau, on ouvre la fente et on y place le rameau qu'on a préparé d'avance (*fig.* 12), c'est-à-dire qu'on a taillé en biseau ou comme un coin à l'extrémité (*fig.* 14 — *a*), de façon que la partie qui doit être en dehors (*b*) se trouve plus épaisse que celle que l'on place dans la fente, à peu près comme une lame de couteau. Si le tronc du sujet est fort, on y place deux greffes (*fig.* 13), mais toujours de manière que le liber de la greffe corresponde bien avec le liber du sujet.

Les petits frères. — Mais nous ne savons pas ce que c'est que le liber.

Pierre. — Le liber, c'est cette partie de l'écorce qui est la plus proche du bois de l'arbre, dont la première couche, qui est plus tendre que l'intérieur du tronc, s'appelle aubier. Il se trouve donc entre l'écorce et l'aubier. C'est dans cette partie que circule la *sève*, cette matière liquide qui sert à la nutrition de l'arbre. Dans les animaux, ce liquide s'appelle *sang*, et dans les végétaux on le nomme *sève*. Vous concevez maintenant que les deux libers, celui de la greffe et celui du sujet, doivent être placés juste l'un sur l'autre, pour que la sève puisse monter du sujet dans la greffe et la nourrir.

Les petits frères. — Nous comprenons très-bien, et certes nous n'oublierons pas cette leçon d'ici au printemps.

Pierre. — J'en serai bien aise; voici, cependant, encore quelques observations qu'il faut retenir avec soin dans votre mémoire :

1° Rappelez-vous que les greffes doivent être coupées dès le mois de février et conservées dans un lieu frais ;

2° La fente ne doit pas être plus profonde qu'il ne faut pour y introduire le rameau ou la greffe ;

3° La greffe ne doit avoir que deux, tout au plus trois bourgeons ;

4° Aussitôt qu'on a terminé l'opération, il faut lier le tout et enduire la place où l'on a opéré avec de l'onguent de Saint-Fiacre.

Les petits frères. — Ah ! voici encore une chose que nous ne connaissons pas.

Pierre. — L'onguent de Saint-Fiacre est tout simplement un mélange de terre glaise et de bouse de vache. On peut se servir aussi d'un mastic composé de poix, de cire, etc ; mais cela reviendrait trop cher et ne ferait pas meilleur usage.

5° Lorsque le tronc ou la branche que l'on veut greffer a une épaisseur d'environ dix centimètres, on peut y mettre jusqu'à quatre greffes ; pour cela, on y fait deux fentes qui se croisent au point du milieu (*fig.* 15), et on procède de la même manière indiquée plus haut.

6° On peut encore pratiquer cette dernière greffe d'une manière différente. On soulève tout simplement l'écorce, après avoir fait une entaille d'environ trois centimètres de haut en bas, sans faire de fente dans le bois, et on introduit entre l'écorce et le bois autant de greffes que l'on désire et que le contour du tronc ou de la branche peut en contenir ; mais on n'y met ordinairement que trois ou quatre rameaux pour ne pas perdre trop de sève par le soulèvement de l'écorce. On forme ainsi une couronne, et c'est pour cela que les manières de greffer que nous venons d'indiquer numéros 5 et 6 s'appellent greffer *en couronne*. Cependant, la dernière se dit aussi greffer *en écorce*. On observe, du reste, pour ces deux manières, toutes les autres précautions que nous avons indiquées plus haut, excepté que le rameau que l'on veut greffer doit, pour la dernière manière, être taillé un peu différemment que pour la greffe en fente (*fig.* 16).

Retenez donc bien, mes amis, ce que je viens de vous dire, et, au printemps prochain, si le bon Dieu nous accorde de vivre jusque-là, nous pourrons déjà greffer en fente quelques-uns des petits arbres de votre pépinière.

CHAPITRE XIV.

Utilité des oiseaux.

Le printemps suivant étant arrivé, les petits frères Chrétien se mirent à mettre en pratique la leçon sur la greffe en fente que Pierre leur avait donnée l'automne précédent. Le jardinier fut enchanté de voir avec quelle exactitude ils exécutaient ce qu'il leur avait dit. Au bout de quelques semaines, les greffes furent en pleine vigueur, et les petits arbres prospérèrent à souhait.

Un jour, vers le milieu du mois de mai, lorsque les arbres étaient en feuilles et que les oiseaux commençaient à nicher, Charles vint trouver Pierre et lui raconta que, la veille, quelques méchants garçons avaient arraché deux nids de pinsons et détruit les œufs qui s'y trouvaient ; qu'il a été bien affligé d'entendre les cris lamentables du père et de la mère qui voltigeaient autour de l'arbre, et qu'il en a fait des reproches amers à ces cruels garçons, mais que ceux-ci, loin de s'inquiéter de ses reproches, s'en allèrent chercher d'autres nids. Il ajouta qu'il s'en était plaint même au propriétaire du champ, mais que celui-ci s'était moqué de lui et lui avait dit qu'il ne faisait aucun cas de ces oiseaux qui mangeaient seulement les graines qu'il avait semées.

Pierre. — Il est bien triste que les gens de la campagne connaissent si peu la valeur de ces oiseaux ; mais il est plus triste encore que les garçons agissent d'une manière si cruelle envers ces petites créatures qui ne leur font pourtant pas de mal. J'irai voir Monsieur l'instituteur, et je le prierai de leur reprocher en classe leur cruauté.

L'instituteur apprit cette nouvelle avec étonnement, et le lendemain matin, quand tous les élèves furent réunis, il leur fit l'admonition suivante :

— Chers enfants, j'ai appris avec douleur que plusieurs parmi vous se mettent à la recherche des nids d'oiseaux et les détruisent avec les œufs ou les petits qu'ils contiennent. Comme vous ne connaissez pas toute l'injustice que vous commettez par cette cruelle conduite, je vais vous apprendre la valeur de ces petits animaux.

Le bon Dieu a créé les oi eaux pour notre utilité et notre agrément, et nous n'avons pas le droit de tourmenter ces bêtes sans pécher contre la volonté du Créateur. Les oiseaux chanteurs méritent mieux notre attention que vous ne croyez, et il ne nous est pas permis de les détruire. Ils vivent généralement d'insectes nuisibles, qui ravagent surtout les arbres fruitiers et les légumes. Ce n'est que dans l'arrière-saison que certaines espèces de ces oiseaux recherchent les semences de salades, du blé, des cerises, etc., pour s'en nourrir. Mais ce dommage n'est pas à comparer à l'avantage qu'ils nous procurent par la destruction des insectes nuisibles.

Je vous exhorte donc à être à l'avenir plus humains envers les oiseaux, à ne plus détruire leurs nids, et à me dénoncer ceux qui se rendraient coupables de cette mauvaise action.

Les enfants, touchés de cette leçon, promirent à l'instituteur qu'il ne recevrait plus de plaintes contre eux à ce sujet, et ils tinrent fidèlement leur promesse.

FIN.

Paris, publicité, rue Cassette, 17. — Mirecourt, typ. Humbert.

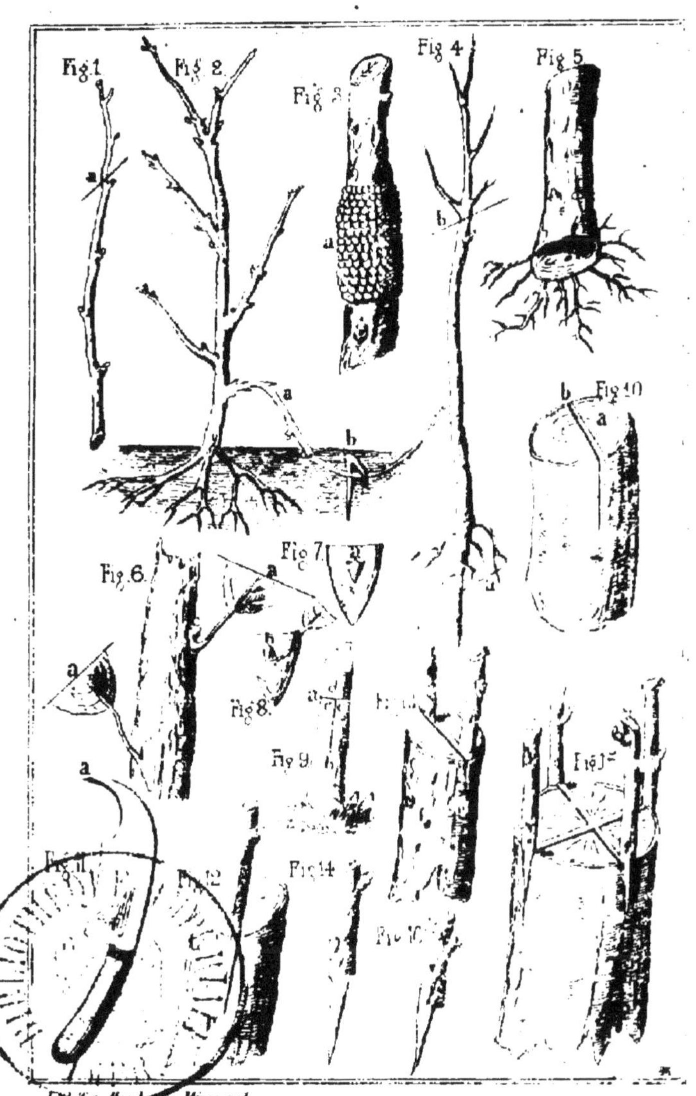
Fig.1
Fig. 2.
Fig. 3
Fig. 4
Fig. 5
Fig. 6.
Fig. 7
Fig. 8.
Fig. 9.
Fig. 10
Fig. 12
Fig. 14

www.ingramcontent.com/pod-product-compliance
Ingram Content Group UK Ltd.
Pitfield, Milton Keynes, MK11 3LW, UK
UKHW021544260726
13993UKWH00002B/619

9 782329 309460